맛있는 요리를 만드는 레시피가 있는 것처럼 웃음, 힐링, 성장을 만드는 레시피도 있을까요?
레시피팩토리는 모호함으로 가득한 이 세상에서 당신의 작은 행복을 위한 간결한 레시피가 되겠습니다.

문성실의 20년

대·박·반·찬

주방 가까이 두고 자주 보게 될,
진짜 맛있는 반찬 레시피를 담았습니다

'반찬'이라서, 10번째 요리책을 결심했습니다.
몇 년 전 9번째 요리책을 출간하며 이제 더 이상 요리책을
내지 않겠다고 마음먹었었어요. 책 대신 영상이나
블로그 레시피를 캡처해 보는 시대라고 생각했거든요
하지만 다시 요리책을 출간하기로 한 이유는 책의 주제가
그 어떤 것보다 자신 있는 '반찬'이기 때문입니다.
가끔 제가 지금의 일을 하지 않았다면, 무엇을 하고 살았을까
생각할 때가 있어요. 아마도 저희 동네에서 문성실 이름을 걸고
작은 반찬가게를 운영하고 있을 거예요.

"그 집 반찬, 참 맛있어."
"문성실, 솜씨 좋더라고!"

그렇게 반찬가게를 하면서, 한쪽 공간에서는 저의 반찬이 담긴
'문성실 밥상'을 점심시간에 딱 100인분만 판매해도 좋겠어요.
넉넉하고 마음의 여유가 생기는 노후에 꼭 해보고 싶답니다.
문을 열고 싶을 때면 여는 작은 식당을 말이에요.
그날그날 만들고 싶은 음식을 준비해 좋아하는 사람들과 나누며,
도란도란 이야기하며 살고 싶어요. 이 삶은 지금도 여전히
제가 꼭 이루고 싶은 노년의 꿈입니다.

반찬을 잘 만드는 것은 정말 매력적인 일이에요.
사랑하는 두 아들에게 언제든 든든하게 밥상을 차려줄 수 있어
엄마의 본분을 다했다는 안도감을 갖게 하고, 동생들에게
각종 반찬을 넉넉하게 만들어 주다 보면 맏언니 노릇을
제대로 했다는 기분도 들거든요.
그뿐인가요. 저보다 훨씬 요리를 잘하시는 친정 엄마에게
반찬 잘 만들었다고 칭찬을 들을 때면 인정받은 기분이 들어
날아갈 듯 행복하지요. 심지어 저희 엄마는 딸에게 배운다며
'요리사의 엄마' 호칭을 자랑스럽게 생각하시곤 해요.

〈문성실의 20년 대박 반찬〉을 통해 4가지를 전하고 싶습니다.
이렇게 오랜만에 가장 자신 있고 의미 있다고 생각하는 반찬에
집중한 요리책을 쓰면서, 이 책을 선택할 독자님들에게 꼭 전하고
싶은 제 마음은 4가지로 정리해 보았어요.

첫 번째, 내가 반찬가게 사장님이 된다고 생각해보세요.
이 책 속 반찬들만 잘 만들어도 반찬가게를 차려도 되겠다는
마음이 생길 거라고 자신해요. 저만의 비법, 한 꾿을 담았으며
가장 가깝게 우리 직원, 이웃, 친구들, SNS 팔로워들이 극찬한
레시피를 106개 선별해 담았거든요. 이 책을 보는 독자님들은
그 동네에서 반찬을 제일 잘 만드는 사람이 되어 있을거라는
마음을 담아 책을 썼답니다.

두 번째, 반찬 책만큼은 종이책이어야 해요.
국, 찌개는 레시피가 없어도 괜찮은데, 반찬만큼은 저도
제 블로그에서 레시피를 검색해서 그대로 따라 하곤 해요.
혹시나 맞나 다시 검증하려고요. 영상을 보고 따라 한 요리는
이상하게 휘발이 되어버리고, 다시 또 찾아야 하는 일이 생겨요.
온전한 내 것이 되지 않거든요. 이왕이면 주방 가까운 곳에 둬서
손때가 많이 묻고 물에 자주 닿아 책이 퉁퉁 불을 때까지 보면서
반찬을 만들어 보시면 좋겠습니다.

세 번째, 반찬은 1년 365일 매일 먹어도 질리지 않아야 해요.
한국인이라면 백반! 특히 반찬에 연연합니다. 매일 먹어도 맛있고,
결국 그 어떤 음식을 먹어도 밥과 함께 먹게 되는 반찬은 먹으면
속이 든든하고 마음까지 따뜻해지거든요. 늘 그렇듯 구하기 쉬운
식재료, 냉장고에 있을 재료들로 맛있게 요리하는 즐거움을
이 책을 통해 누리시면 좋겠어요.

네 번째, 요리 잘 하는 사람들에겐 그들만의 비법 소스가 있어요.
요리 인플루언서로 블로그를 시작한 지 20년. 제가 믿고 사용하는
저만의 비법 소스와 양념을 이번 책에서 똑같이 소개했어요.
가장 많이 활용한 것은 3대에 걸쳐 장인 정신으로 소스를 만드는

대왕의 제품들이에요. 제가 사용한 제품을 그대로 써서 맛을
내보세요. 손맛 이상으로 큰 도움을 받을 거예요. 반찬이 맛있게
잘 만들어지면, 잘 고른 양념이 더 큰 자신감을 심어주거든요.
결국 선순환을 만들어 반찬 만들기에 겁내지 않게 된답니다.

정성 가득 반찬으로 사랑을 주고받는 사람이 될 수 있어요.
손가락 터치 한 번이면 음식이 배달되고, 밀키트 하나면 조리법이
필요 없는 간편한 세상이지만 요리하는 즐거움, 내가 만든 음식을
함께 나누는 기쁨은 행복을 만들어 가는 가장 아름다운 지름길임을
50년의 삶을 통해 깨달았습니다.

저는 어릴 때부터 손님 초대를 좋아했어요. 집에 손님이 온다고
하면 겁이 나기는커녕 요리 솜씨를 자랑할 수 있는 자리이자,
우리 집 식탁이 작품을 펼칠 수 있는 캔버스라고 생각한 것 같아요.
이렇게 9살부터 석유 곤로로 요리하는 걸 좋아했던 작은 꼬마가
20년 넘게 요리 인플루언서로 큰 사랑을 받으며 살아온 삶에
깊이 감사하고 있답니다.

부디 이 책을 통해 반찬을 맛있게 만들어 평생 사랑받는 독자님이
되길 바라며, 제가 독자님들에게 선물이 되는 요리책을 선사하면
좋겠다는 마음으로 이 책을 준비했습니다. 가장 자신 있고 애정하는
반찬만을 엄선해 이 책에 꾹꾹 눌러 담았으니 도움이 되실 겁니다.

"저와 함께 우리 사랑받고 살까요?"
정성이 가득한 반찬으로 먼저 사랑을 주면,
더 큰 사랑이 저와 독자님들 앞에 있을 거예요.

2024년 11월, 문성실

일본 하코네에서 닮고 싶은 삶을 사는
'폴리스마마 유영희 원장님'의 따뜻한 밥상과 응원을
한가득 받고 돌아오는 비행기에서 씁니다.

CONTENTS

CHAPTER 1
요리하기 전
양념, 재료, 도구, 계량 알아두기

<문성실의 20년 대박 반찬>을 따라 하기 전 꼭 읽어보세요

CHAPTER 2

맛도, 가성비도 대박!
일주일 먹을 5가지 간단 반찬 한 번에 만들기

부록

상 차리면서 빠르게 뚝딱!
재료 하나로 만드는
즉석 무침 & 부침개

CHAPTER 3
집에 늘 있는 6가지 재료로
반찬 다채롭게 만들기

CHAPTER 4

푸짐함, 가성비 끝판왕!
고기, 해물 반찬 손쉽게 만들기

CHAPTER
1

가이드

요리하기 전
양념, 재료, 도구, 계량
알아두기

<문성실의 20년 대박 반찬>을
따라 하기 전 꼭 읽어보세요

가성비는 높이고, 조리는 간단하고, 요리는 맛있게!
대박 반찬을 더 쉽게 만들 수 있는 저만의 노하우를 소개합니다.

"한 끗 다른 맛을 내는 다섯 가지 양념을 추천해요"

이 책에서 많이 등장하는 5가지 맛내기 양념이 있어요. 기본양념과 함께 준비해둔다면
쉽고, 빠르고, 맛있게 반찬을 만들 수 있지요. 가격은 다소 높은 편이지만 맛에 있어서는 절대 후회하지 않을 거예요.

1. 참치한스푼

참치순살을 천일염에 숙성, 국내산
채소와 영지, 표고버섯을 함께 달여낸
맑은 참치액이에요. 300일 동안 천천히
숙성시켰기에 진한 맛을 느낄 수 있으나
대량 생산이 어려운 단점이 있어요.
그 때문인지 500㎖ 1병이 1만원 대로
고가랍니다. 하지만 음식에 더하면
맛에 깊이를 더해주니 꼭 구비해두세요.

→ 연두로 대체 가능

2. 참치진국

참치진국은 참치맛의 양조간장이라고
생각하면 돼요. 일반 간장에 비해
감칠맛이 있어서 굴소스 대신 사용하기에
적합하지요. 굴소스보다 간이 약해
굴소스의 대체로 사용할 경우 참치진국의
양을 2배로 늘리면 된답니다. 반대로
참치진국 대신 굴소스를 사용할 경우
1/2분량으로 줄이면 되고요. 저는
참치진국으로 간단 맛간장도 만들어요.
흔히들 맛간장 하면 과일, 간장 등을
오래 불에 푹 졸이는데요, 참치진국과
양조간장을 동량으로 섞으면 완성!

→ 굴소스 1/2분량으로 조절해서
대체 가능

3. 초피액젓

경북 팔공산 자락에서 장독에 숙성시켜
만든 초피를 넣은 멸치액젓이에요.
남해산 멸치와 간수를 뺀 천일염에 초피를
넣고 1년 이상 숙성시켜서 특유의 비린
맛이나 향이 없고 감칠맛이 뛰어나지요.
일반 마트에 판매하는 멸치액젓보다
5~6배 높은 가격이지만 이 깊은 맛을
경험하면 다른 액젓은 못 먹을 정도예요.
국의 간을 맞추거나 무생채나 겉절이,
나물, 무침 요리에도 사용하고,
심지어 샐러드에 활용해도 좋아요.
피쉬소스 대체로도 가능하답니다.

→ 입맛에 맞는 다른 액젓류로 대체 가능

4. 생강청

관리가 어려운 생강즙이나 향이 약한
생강가루보다 생강청을 많이 사용해요.
생강이 필요한 요리에 활용하면 음식의
맛이 한결 달라지거든요. 특히 고기,
생선 요리는 특유의 잡내가 있어 생강청이
필수이지요. 백설 리얼 생강청 제품을
사용하는데요, 요리에 생강향뿐만 아니라
윤기도 더해줘서 추천해요.

→ 생강즙 1/2분량으로 조절하거나
생강가루 약간으로 대체 가능

5. 분말육수

국물을 쉽게 만들 수 있는 제품 중에서도
분말육수를 사용해요. 가루라서
코인육수에 비해 훨씬 더 빨리 물에 녹고,
무침이나 볶음에도 쓸 수 있지요.
제가 사용한 제품은 20여 가지
국산 재료와 로스팅해 비린맛이 적은
해산물이 들어간 제품이에요. 또한
향미증진제와 착향료, 유화제도
무첨가랍니다. 스틱 타입으로
되어 있어서 휴대성도 높지요.

여기서 잠깐!

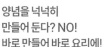

양념을 넉넉히
만들어 둔다? NO!
바로 만들어 바로 요리에!

만능 양념장이나 맛간장 등을 미리 만들어
요리에 활용하는 경우가 있는데요, 저는
추천하지 않아요. 냉장고에 오래 보관하게
되면 쉽게 상할 수 있고, 이것도 하나의
작업이 되면 요리가 번거롭게 느껴지기
때문이지요. 요리를 할 때면 맞는 양념을
선택해서 바로 더해주세요. 제 레시피는
대부분 양념의 가짓수가 많지 않으니
어렵지 않게 실천할 수 있을 거예요.

"구하기 쉽고 손질이 편한 재료로 다양하게 요리해요"

이번 책에서 사용한 재료들은 모두 구하기 쉬운 것들이에요. 가까운 마트에서, 슈퍼에서, 시장에서,
계절에 크게 구애받지 않고 구입할 수 있지요. 제가 재료를 고를 때 신경 쓰는 포인트를 짚어드릴게요.

1. 두부와 달걀

날짜, 기간에 맞춰 넉넉하게 준비해두세요. 특히 달걀은
난각번호 1번(방목해서 자유롭게 키운 닭이 낳은 알)이나
2번(케이지나 축사에서 자유롭게 자란 닭이 낳은 알)으로 구비해
영양도 신경 쓰도록 해요.

2. 돼지고기와 쇠고기

돼지고기와 쇠고기는 필요한 만큼 바로 구입해서 먹는 것이
좋아요. 아무래도 한 번 냉동실에 다녀오면 맛이 떨어지거든요.
혹, 남아서 냉동해둔다면 카레와 같이 향이 강한 요리에
사용하세요. 향이 강해 냉동 고기 특유의 냄새를 가릴 수 있어요.

3. 냉동 재료

추천하는 냉동 재료로는 닭가슴살, 해산물, 순살 고등어, 코다리
등이 있어요. 특히 해산물의 경우 워낙 냉동 제품이
잘 나오더라고요. 편리함, 맛 모두 훌륭하지요. 미리 준비해두면
해동해서 바로 다양한 반찬에 활용할 수 있답니다.

4. 가공식품

앞서 소개한 재료는 바로 사서 요리에 활용하면 좋지만,
이마저도 없을 때는 쟁여둘 수 있는 재료를 활용하세요.
통조림 햄이나 통조림 참치, 유통기한이 넉넉한 게맛살,
어묵이 그런 재료들이지요. 볶음부터 조림, 찌개 등
다양하게 활용할 수 있어요.

흔한 재료로 다채롭게 만들어야 가성비도, 만족도도 UP!

예를 들어 시금치로 매번 무침만 만드는 것이 아니라 볶음도 해보고, 국도 끓이고, 생으로도 먹어보세요. 그렇게 하면 친근한 재료로 다양한 맛을 낼 수 있으니 훨씬 더 '대박 반찬'스러워진답니다. 또한 재료를 샀다면 한 번에 요리에 다 사용하는 것이 좋아요. 언젠가는 사용하겠지, 라고 생각하다 보면 상해서 버리는 경우가 생기거든요. 이때, 하나의 재료로 2~3종류의 요리를 만들면 더욱 풍성하게 식탁을 차릴 수 있지요.

냉장고에 검은 봉지는 NO! 투명한 곳에 담고 자주 들여다보기

냉장고를 자주 보면 무슨 재료가 있는지, 어떤 요리를 만들면 좋을지 그림이 그려져요. 이때, 식재료들이 검은 봉지에 둘둘 말아져 있거나 마구 쌓여 있으면 냉장고를 보는 게 무의미하게 되지요. 식재료가 한눈에 파악될 수 있도록 투명한 용기나 비닐백에 담아 보관하고, 라벨링을 한 후 카테고리별로 분류하세요.

반찬은 넉넉하게 만들어 냉동 보관해도 OK!

반찬을 만든 후 한 번 먹을 분량씩 소분해서 냉동해두면 언제든지 맛있는 반찬을 편하게 즐길 수 있어요. 자연해동하거나 에어프라이어에 데우면 갓 만든 요리처럼 살아나지요. 이번 책에서 추천하는 냉동하기 좋은 반찬으로는 비빔참치(134쪽), 고추참치쌈장(136쪽), 참치 무조림(138쪽), 비빔스팸(164쪽), 만능 돼지고기소보로(194쪽), 돼지고기완자 장조림(196쪽), 감자 코다리조림(228쪽)이 있고요, 소불고기(214쪽) 역시 양념한 것을 냉동했다가 자연해동해서 볶아 먹어도 좋답니다.

도구에 대해

"요리를 간편하게 만들게 해 줄 도구를 선택해요"

요리도 장비빨이라는 말이 있어요. 기본적인 도구가 아니더라도 몇 가지 템만 갖춰두면 좀 더 편하고, 빠르고, 간편하게 요리를 만들 수 있게 도와주지요.

1. 차퍼

다진 마늘을 입자가 살아 있게 갈거나, 다진 대파를 만들 때, 들기름 고추볶음(65쪽)의 고추를 거칠고 일정하지 않게 다질 수 있게 해주는 것이 차퍼예요. 향신채소는 바로 갈아서 요리에 넣어야 더 맛있기에 차퍼를 활용해서 다지곤 하지요. 칼로 썰 때와는 비교도 안되게 편하고, 눈이 맵지 않아 좋답니다. 고기나 새우살을 다질 때, 수제비 반죽을 할 때도 사용할 수 있어서 유용해요. 저는 닌자 제품을 사용해요.

2. 전자레인지 찜기

콩나물을 데칠 때, 양배추나 꽈리고추, 가지 등 각종 채소를 찔 때, 달걀찜, 잡채 등에 두루두루 사용 가능한 것이 바로 전자레인지 찜기(내열용기)예요. 더운 여름에는 불 앞에서 요리하지 않아 더욱 좋아요. 전자레인지에 넣어 조리하는 동안 다른 요리도 함께 만들 수 있어서 요리시간도 한결 단축된답니다. 저는 지켜락 제품을 사용해요.

3. 에어프라이어

에어프라이어에 고기나 생선을 구우면서 요리를 해보세요. 상차림을 빨리 동시에 할 수 있지요. 또한 고등어강정이나 떡갈비, 수육 등이 남았을 때, 음식을 은은하게 데워야 할 때도 사용해요. 종이포일을 깔아서 데우면 설거지를 안 해도 되고, 음식도 처음 맛 그대로 따뜻하게 즐길 수 있어 좋아요.

"밥숟가락과 계량컵으로 간편하고 정확하게 계량해요"

정확한 계량만이 정확한 맛의 요리로 탄생하는 법. 처음 요리를 만들 때는 꼭 책에서 소개한 계량법을 지켜주세요.

많이 만들다 보면 양념 비율에 대한 감각도 생기고, 나름의 요령도 터득하게 된답니다.

＊이 책에서는 집에 늘 있는 친근한 밥숟가락과 200㎖ 기준 계량컵, 전자저울을 사용했어요.

　밥숟가락 계량으로 더 빠르고 간편하게, 전자저울로 더 정확하게 요리를 만들어보세요.

1. 밥숟가락 계량 기준

· 밥숟가락 1스푼 = 12~13mℓ

* 1큰술 = 15mℓ인 계량스푼보다 양이 적습니다.

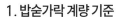 여기서 잠깐!

양념을 계량하는 순서에도 요령이 있어요

저는 계량스푼보다는 늘 사용하는 밥숟가락이 편하더라고요.
밥숟가락도 하나만 사용해 요리를 완성하는 게 좋아요.
그래야 맛도 동일하고, 설거지도 줄일 수 있거든요. 그래서
가능하면 가루류부터 먼저 넣고 다진 재료, 액체류를 넣어요.
가장 마지막에 숟가락에 많이 묻는 장류를 더하세요.

가루류 계량하기

설탕 1스푼
수북하게 자연스럽게
볼록 올라오게 담은 양

설탕 0.5스푼
밥숟가락 절반 정도 담긴 양

장류 계량하기

고추장 1스푼
밥숟가락 가득
볼록하게 담긴 양

고추장 0.5스푼
밥숟가락 절반 정도 담긴 양

액체류 계량하기

양조간장 1스푼
밥숟가락 가득
볼록하게 담긴 양

양조간장 0.5스푼
밥숟가락 절반 정도 담긴 양

다진 재료 계량하기

다진 대파1스푼
밥숟가락 가득
수북하게 담긴 양

다진 마늘 0.5스푼
밥숟가락 절반 정도 담긴 양

2. 컵 계량 기준

· 계량컵 1컵 = 200mℓ

가루류 계량하기

윗면을 평평하게 해서
눈금에 맞춰 담은 양

액체류 계량하기

눈금에 맞춰 담은 양

3. 손대중량 & 눈대중량 계량 기준

· **손대중량** : 송송 썬 대파, 샐러드채소 등 손으로 계량이 가능한
   재료는 1줌으로 표기했습니다.

· **눈대중량** : 양파, 감자, 당근 등은 개수와 중량을 함께
   적었습니다. 다만, 재료에 따라 크기가 다르므로 적어둔
   개수보다는 중량에 맞추세요.

CHAPTER
2

맛도, 가성비도
대박!
일주일 먹을
5가지 간단 반찬
한 번에 만들기

SET 1

콩나물무침
+ 팽이버섯볶음
+ 아삭 우엉볶음
+ 버터 새송이버섯조림
+ 오이깍두기

← **콩나물무침** 24쪽

식당에서 반찬으로 나오는 콩나물무침, 정말
맛있지 않나요? 대부분 맛소금으로 맛을 내는 게
비법이더군요. 저는 좀 다르게 '참치한스푼'을
더했어요. 저의 모든 나물 요리의 노하우이기도 하지요.
콩나물무침은 따뜻할 때 먹으면 더 맛있어요.

→ **팽이버섯볶음** 25쪽

물가가 올라도 팽이버섯만은
가격이 늘 착하지요. 냉장고에
항상 구비되어 있는 양파, 당근과
함께 팽이버섯을 볶아보세요.
그릇에 담고 검은깨를 솔솔 뿌리면
일품 반찬처럼 근사하답니다.

← 아삭 우엉볶음 26쪽

아삭아삭한 식감을 살린 우엉볶음입니다.
우엉을 신경 써서 가늘게 채 썬 후 찬물에
헹구면 맛이 더 깔끔해져요. 넉넉하게 만들어
오래 먹는 것보단 먹을 만큼만 만들어
맛있게 즐기는 걸 추천해요.

→ 버터 새송이버섯조림 27쪽

새송이버섯은 어떻게 써느냐에 따라
맛과 식감이 천차만별이에요. 이번엔
동그랗고 도톰하게 썰어 보세요.
쫄깃쫄깃 씹히는 식감이 좋지요.
마치 조개 관자구이를 먹는
것처럼 새송이버섯으로 관자
맛을 낼 수 있어요.

→ 오이깍두기 28쪽

오이를 깍두기처럼 썰어서 '오이깍두기'라고
이름 붙였어요. 한 번 만들어보면
김치가 이렇게 쉬워? 별거 아니네?
생각이 들 정도로 간단하답니다.
오이를 썰고, 소금에 절이고,
양념에 버무리면 끝! 여기에 맛도 모양도
잘 어울리는 부추를 더했답니다.

▌5가지 반찬 **장보기**

콩나물무침

- ☐ 콩나물 6줌(300g)
- ☐ 다진 파 2스푼
- ☐ 다진 마늘 0.5스푼
- ☐ 참치한스푼 1스푼
  (또는 연두)
- ☐ 참기름 1스푼
- ☐ 통깨 0.5스푼
- ☐ 후춧가루 약간

팽이버섯볶음

- ☐ 팽이버섯 1봉지(150g)
- ☐ 양파 1/4개(50g)
- ☐ 당근 약간(생략 가능)
- ☐ 송송 썬 대파 약간(또는 쪽파)
- ☐ 검은깨 약간
- ☐ 식용유 2스푼
  (또는 버터 1스푼)
- ☐ 참치한스푼 1스푼
  (또는 연두)
- ☐ 참기름 1스푼
- ☐ 후춧가루 약간

아삭 우엉볶음

- ☐ 우엉(손질한 것) 100g
- ☐ 검은깨 약간
- ☐ 식용유 1스푼
- ☐ 양조간장 1스푼
- ☐ 맛술 1스푼
- ☐ 올리고당 1스푼
- ☐ 참기름 0.5스푼

버터 새송이버섯조림

- ☐ 새송이버섯 2개(160g)
- ☐ 송송 썬 고추 약간
- ☐ 통깨 약간
- ☐ 식용유 0.5스푼
- ☐ 버터 1스푼
- ☐ 양조간장 1스푼
- ☐ 올리고당 1스푼

오이깍두기

- ☐ 오이 3개(600g)
- ☐ 부추 1줌(50g)
- ☐ 설탕 1스푼
- ☐ 굵은소금 0.5스푼
- ☐ 고춧가루 3스푼
- ☐ 다진 마늘 1스푼
- ☐ 초피액젓 3스푼
  (또는 다른 액젓류)
- ☐ 올리고당 2스푼
  (또는 매실청 4스푼)
- ☐ 통깨 0.5스푼

콩나물무침

STEP 1 — 콩나물
전자레인지로
익히기

STEP 2 — 콩나물 식히기

STEP 3

STEP 4 — 콩나물
무치기

▌5가지 반찬 **한 번에 만들기**

팽이버섯볶음	아삭 우엉볶음	버터 새송이버섯조림	오이깍두기
팽이버섯, 양파, 당근 썰기	우엉 썰기	새송이버섯 썰기	부추, 오이 썰기
	우엉 씻어 물기 없애기		오이 절이기
			오이 물기 없애기
모든 재료 볶기	모든 재료 볶기	새송이버섯 굽고, 양념에 조리기	양념에 버무리기

SET 1

콩나물무침

🥣 2~3인분 ｜ ⏱ 10분

• 콩나물 6줌(300g)

양념
• 다진 파 2스푼
• 다진 마늘 0.5스푼
• 참치한스푼 1스푼(또는 연두)
• 참기름 1스푼
• 통깨 0.5스푼
• 후춧가루 약간

1
콩나물은 씻어 물기를 없앤 후 내열용기에 담는다. 뚜껑을 덮고 전자레인지에서 4~5분간 돌려 완전히 익힌다.

2
익힌 콩나물은 볼에 담아 한 김 식힌다.

3
양념 재료를 넣고 조물조물 무친다.

TIP

❶ 콩나물은 김이 오른 찜통에 쪄도 좋고, 물에 넣고 데쳐도 됩니다. 선호하는 조리법대로 하세요.

❷ 양념에 고춧가루 1스푼을 더해 매콤한 콩나물무침으로 즐겨도 좋아요.

SET 1

팽이버섯볶음

🥣 2인분 | ⏱ 15분

• 팽이버섯 1봉지(150g)
• 양파 1/4개(50g)
• 당근 약간(생략 가능)
• 송송 썬 대파 약간(또는 쪽파)
• 검은깨 약간
• 식용유 2스푼(또는 버터 1스푼)

양념
• 참치한스푼 1스푼(또는 연두)
• 참기름 1스푼
• 후춧가루 약간

1

팽이버섯은 밑동을
잘라내고 가닥가닥
떼어낸다.

2

양파, 당근은 채 썬다.

3

달군 팬에 식용유를
두르고 양파, 당근을
넣어 중간 불에서
1분간 볶는다.

4

팽이버섯을 넣고 30초간
볶고, 양념을 넣고
1분간 더 볶는다.
그릇에 팽이버섯볶음을
담고 대파, 검은깨를
뿌린다.

SET 1

아삭 우엉볶음

🍚 2인분 | ⏱ 15분

• 우엉(손질한 것) 100g
• 검은깨 약간
• 식용유 1스푼

양념
• 양조간장 1스푼
• 맛술 1스푼
• 올리고당 1스푼
• 참기름 0.5스푼

1 우엉은 껍질을 벗긴 후 최대한 넓적하고 얇게 편으로 썬다.

2 다시 가늘고 길게 채 썬다.

3 찬물에 씻은 후 체에 밭쳐 물기를 뺀다.

4 달군 팬에 식용유를 두르고 우엉을 넣어 중간 불에서 2분간 볶는다.

5 양념을 넣고 다시 2분간 볶는다.
＊ 양념과 함께 물 적당량을 넣고 뚜껑을 덮어 푹 익히면 부드러운 우엉조림으로 즐길 수 있어요.

6 검은깨를 뿌린다.

SET 1

버터 새송이버섯조림

🍜 2인분 | ⏱ 15분

- 새송이버섯 2개(160g)
- 송송 썬 고추 약간
- 통깨 약간
- 식용유 0.5스푼
- 버터 1스푼

양념
- 양조간장 1스푼
- 올리고당 1스푼

1 새송이버섯은 동그란 모양을 살려 1.5cm 두께로 썬다.

2 앞뒤로 열십(#) 자 모양의 칼집을 낸다.

3 달군 팬에 식용유, 버터를 넣고 녹인다.

4 새송이버섯을 펼쳐 넣고 앞뒤로 뒤집어가며 중간 불에서 노릇하게 굽는다.

5 양념을 넣고 바짝 조리듯이 익힌다.

6 그릇에 담고 고추, 통깨를 올린다.

SET 1

오이깍두기

🥣 10인분 | ⏱ 15분 (+ 절이기 30분)

• 오이 3개(600g)
• 부추 1줌(50g)

절임
• 설탕 1스푼
• 굵은소금 0.5스푼

양념
• 고춧가루 3스푼
• 다진 마늘 1스푼
• 초피액젓 3스푼 (또는 다른 액젓류)
• 올리고당 2스푼 (또는 매실청 4스푼)
• 통깨 0.5스푼

 TIP

양념에 올리고당을 사용하면
찹쌀풀 없이도 양념이 재료와
잘 엉길 수 있어요.

1 부추는 송송 썬다.

2 오이는 길게 4등분한다.

3 가운데 씨 부분을 도려낸다.

4 오이를 깍두기처럼 한입 크기로 썬다.

5 볼에 오이, 절임 재료를 넣고 버무려 30분간 절인다.
  * 오이 절이는 시간을 1시간으로 늘리면 더 푹 절여져요.
    취향에 따라 선택하세요.

6 체에 밭쳐 물기를 없앤다.

7 볼에 양념 재료를 넣고 섞는다.

8 오이, 부추를 넣어 버무린 후 바로 먹는다.

SET 2

흑임자 소스 연근무침
+ 무나물
+ 마늘종무침
+ 꽈리고추 마늘조림
+ 알배추겉절이

← **흑임자 소스 연근무침** 34쪽

고급 한정식집에 가면 꼭 나오는 메뉴가
흑임자 소스에 버무린 연근무침이잖아요.
고소하고 아삭한 연근 덕분에 오독오독
씹는 재미가 있지요. 연근은 데친 후
한 김 식혀야 소스에 잘 버무려지고 식감도
더 좋아요.

→ **무나물** 35쪽

겨울이면 무가 달다는 말을 입에 달고
사는 것 같아요. 별다른 양념 없이 무가
가진 달디 단맛을 느낄 수 있는 무나물!
무는 뚜껑을 덮고 푹 익혀야 양념이 잘 밴,
보들보들한 식감으로 맛볼 수 있지요.

→ **마늘종무침** 36쪽

입안에서 톡톡 터지는 마늘종의 식감이
끝내주는 반찬입니다. 마늘종은 데친 후에
체에 밭쳐 서서히 식히는 것이 중요해요.
빨리 식힌다고 물에 헹구면
완성 후 물이 많이 생길 수 있지요.
물기 없는 마늘종무침, 만들어보세요.

← **꽈리고추 마늘조림** 37쪽

꽈리고추를 마늘과 함께 볶은, 어른들을
위한 밑반찬이랄까요? 양념에 간장과
참치한스푼을 함께 사용한 덕분에
한결 깊고 진한 감칠맛이 느껴져요.

→ **알배추겉절이** 38쪽

막 만든 겉절이가 먹고 싶은 날이 있죠?
그럴 때 알배추를 툭툭 썰어 맛있는
양념에 버무리기만 하면 끝!
저희 집 쌍둥이 아들들이 참 좋아해서
저는 눈 감고도 만들 정도랍니다.

▌5가지 반찬 **장보기**

흑임자 소스 연근무침

- ☐ 연근(손질한 것) 200g
- ☐ 물 3컵(600㎖)
- ☐ 식초 2스푼
- ☐ 굵은소금 0.5스푼
- ☐ 검은깨 간 것 2스푼
- ☐ 설탕 1스푼
- ☐ 식초 1스푼
- ☐ 마요네즈 4스푼
- ☐ 소금 2꼬집

무나물

- ☐ 무 1토막(300g)
- ☐ 식용유 1스푼
- ☐ 들기름 1스푼
- ☐ 다진 마늘 1스푼
- ☐ 참치한스푼 1스푼
  (또는 연두)
- ☐ 물 1/2컵(100㎖)
- ☐ 굵게 다진 파 1줌
- ☐ 통깨 0.5스푼
- ☐ 후춧가루 약간

마늘종무침

- ☐ 마늘종 200g
- ☐ 굵은소금 0.5스푼
- ☐ 고춧가루 0.5스푼
- ☐ 양조간장 1스푼
- ☐ 고추장 2스푼
- ☐ 올리고당 2스푼
- ☐ 참기름 1스푼
- ☐ 통깨 0.5스푼

꽈리고추 마늘조림

- ☐ 꽈리고추 3줌(150g)
- ☐ 마늘 20쪽(100g)
- ☐ 식용유 3스푼
- ☐ 양조간장 1스푼
- ☐ 참치한스푼 1스푼
  (또는 연두)
- ☐ 올리고당 1스푼
- ☐ 참기름 1스푼

알배추겉절이

- ☐ 알배추 1통(400~500g)
- ☐ 송송 썬 대파 약간
  (또는 쪽파, 생략 가능)
- ☐ 고춧가루 3스푼
- ☐ 다진 마늘 1스푼
- ☐ 초피액젓 3스푼
  (또는 다른 액젓류)
- ☐ 올리고당 2스푼
- ☐ 참기름 1스푼
- ☐ 통깨 1스푼

흑임자 소스 연근무침

STEP 1 ○ 연근 썰기

STEP 2 ○ 연근 데친 후 식히기

STEP 3

STEP 4 ○ 흑임자 소스,
연근 버무리기

5가지 반찬 **한 번에 만들기**

무나물	마늘종무침	꽈리고추 마늘조림	알배추겉절이
무, 대파 썰기	마늘종 썰기	꽈리고추, 마늘 썰기	알배추, 대파 썰기
	마늘종 데친 후 식히기	양념 만들기	양념 만들기
다진 마늘 볶은 후 무, 양념 넣고 뚜껑 덮어 익히기		꽈리고추 볶기	
무 볶기	양념, 마늘종 무치기	양념 넣어 볶기	알배추, 양념 무친 후 대파 더하기

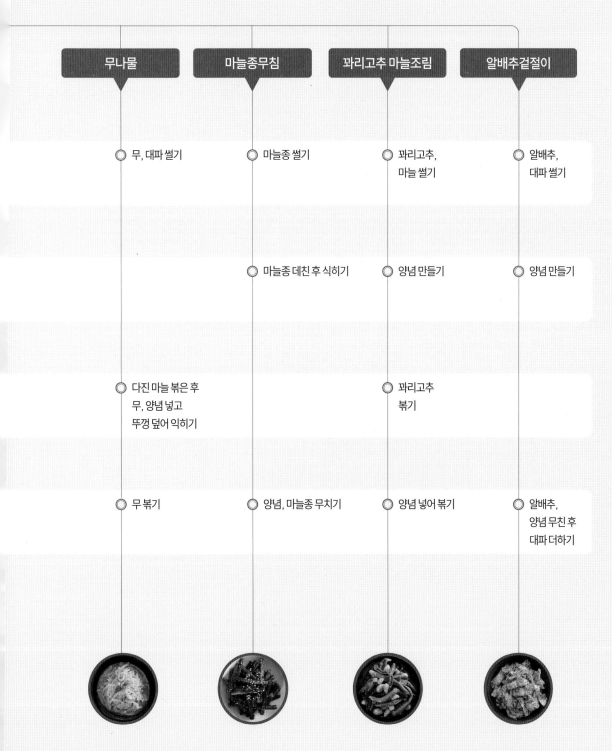

SET 2

흑임자 소스
연근무침

🍲 2~3인분 | ⏱ 20분

• 연근(손질한 것) 200g

연근 데치는 물
• 물 3컵(600㎖)
• 식초 2스푼
• 굵은소금 0.5스푼

흑임자 소스
• 검은깨 간 것 2스푼
• 설탕 1스푼
• 식초 1스푼
• 마요네즈 4스푼
• 소금 2꼬집

1

연근은 동그란 모양을
살려 0.7cm 두께로
썬다.

2

냄비에 연근 데치는 물
재료를 넣고 끓어오르면
연근을 넣어
2분간 데친다.

3

체에 밭쳐 자연스럽게
그대로 식힌다.
* 물에 헹구지 않고 그대로
  식혀야 완성 후에 물이
  생기지 않아요.

4

볼에 흑임자 소스
재료를 넣고 섞은 후
연근을 더해 버무린다.

무나물

🥣 2~3인분 | ⏱ 20분

• 무 1토막(300g)
• 식용유 1스푼
• 들기름 1스푼

양념
• 다진 마늘 1스푼
• 참치한스푼 1스푼
  (또는 연두)
• 물 1/2컵(100㎖)
• 굵게 다진 파 1줌
• 통깨 0.5스푼
• 후춧가루 약간

1

무는 나무젓가락
얇은 쪽 정도의
굵기로 채 썬다.
* 채칼을 사용해도 좋다.

2

달군 팬에 식용유,
들기름, 다진 마늘을 넣고
중약 불에서 1분간 볶아
향을 낸다.

3

무를 넣고 3분,
참치한스푼과
물(1/2컵)을 넣고
뚜껑을 덮어 무르게
익도록 중간 불에서
5분간 익힌다.
* 뚜껑을 덮어야 무의
  속까지 잘 익어요.

4

뚜껑을 열고
물이 촉촉하게
남을 때까지 볶은 후
대파, 통깨, 후춧가루를
섞는다.

SET 2

마늘종무침

🥣 5~6인분 | ⏱ 20분

- 마늘종 200g
- 굵은소금 0.5스푼

양념
- 고춧가루 0.5스푼
- 양조간장 1스푼
- 고추장 2스푼
- 올리고당 2스푼
- 참기름 1스푼
- 통깨 0.5스푼

1
마늘종은 5~6cm
길이로 썬다.

2
끓는 물에 굵은소금,
마늘종을 넣고 센 불에서
2분간 데친다.

3
체에 밭쳐 자연스럽게
그대로 식힌다.
* 물에 헹구지 않고 그대로
  식혀야 완성 후에 물이
  생기지 않아요.

4
볼에 양념 재료를 섞은 후
마늘종을 넣고 무친다.

SET 2

꽈리고추 마늘조림

🍚 2~3인분 | ⏱ 20분

- 꽈리고추 3줌(150g)
- 마늘 20쪽(100g)
- 식용유 3스푼

양념
- 양조간장 1스푼
- 참치한스푼 1스푼
  (또는 연두)
- 올리고당 1스푼
- 참기름 1스푼

1 꽈리고추는 꼭지를 떼고,
마늘은 2등분한다.

2 달군 팬에 식용유를 두르고
마늘을 넣어 중약 불에서 2분간
노릇하게 볶는다.

3 꽈리고추를 넣고 중간 불로 올려
2분간 볶는다.

4 약한 불로 줄인 후 양념 재료를
넣는다.

5 중간 불로 올린 후 양념에 조리듯이
3~4분간 볶는다.

SET 2

알배추겉절이

🥣 4~5인분 | ⏱ 15분

- 알배추 1통(400~500g)
- 송송 썬 대파 약간
  (또는 쪽파, 생략 가능)

양념
- 고춧가루 3스푼
- 다진 마늘 1스푼
- 초피액젓 3스푼
  (또는 다른 액젓류)
- 올리고당 2스푼
- 참기름 1스푼
- 통깨 1스푼

1

알배추는 한입 크기로
썬다.

2

볼에 양념 재료를 넣고
섞는다.

3

알배추를 넣고 무친다.

4

대파를 넣고 살살 무친 후
바로 먹는다.

"

알배추겉절이는
무친 후 바로 먹으면 아삭하게,
저장 후에는 부드럽게 즐길 수 있답니다.

"

SET 3

무생채
+ 바삭 잔멸치볶음
+ 깐풍 애느타리버섯
+ 알배추피클
+ 감자 옥수수샐러드

← **무생채** 44쪽

식당보다 맛있는 무생채 레시피를
알려드려요. 무는 제철인 겨울이
되면 1개당 1,500원 정도로 가격이
착해져요. 이때, 단맛이 강한 무의 초록색
부분으로 만들어보세요. 달걀프라이 하나
곁들여서 비빔밥으로 즐겨도 좋아요.
저는 제가 만든 무생채가 제일 맛있어요.

→ **바삭 잔멸치볶음** 45쪽

잔멸치를 바삭하게 볶아 마치 과자같이
만들었어요. 자꾸만 먹게 되는 맛이지요.
멸치 자체에 간이 되어 있어 다른 양념은
최소한으로 더했답니다. 덕분에 짜지 않아
숟가락으로 크게 떠먹을 수 있을 정도예요.

→ **깐풍 애느타리버섯** 46쪽

1,000원이면 살 수 있는 애느타리버섯 1팩으로
만드는 정말 맛있는 요리를 소개할게요.
버섯을 노릇하게 구운 다음 새콤달콤한 소스와
버무렸어요. 살짝 볶은 애느타리버섯의
쫄깃한 식감이 참 맛있는데요, 버섯에 반죽을 입혀
튀긴 후 소스와 버무려도 좋답니다.

← **알배추피클** 47쪽

알배추로 피클을 담가보세요. 백김치와 비슷한
느낌이지만 훨씬 더 개운한 맛이 나요. 짜지
않고 맛있어서 한 젓가락씩 듬뿍 집어먹곤
하지요. 재료의 베트남 고추를 생략하면
아이들 김치로도 좋아요.

→ **감자 옥수수샐러드** 48쪽

감자샐러드 정말 맛있죠? 감자를 설탕,
소금을 넣은 물에 삶는 것이 맛있는
감자샐러드를 만드는 비법이에요.
잘 삶은 감자에 식감과 맛을 한껏 더
올리기 위해서 옥수수를 넣었어요.
여기에 체다 슬라이스치즈로 감칠맛을,
양파를 더해 아삭함도 추가했답니다.

▌5가지 반찬 **장보기**

무생채

- ☐ 무 1토막(600g)
- ☐ 설탕 4스푼
- ☐ 고춧가루 2스푼
- ☐ 다진 파 4스푼
- ☐ 다진 마늘 1스푼
- ☐ 통깨 1스푼
- ☐ 식초 2스푼
- ☐ 초피액젓 4스푼
  (또는 참치한스푼, 액젓류)

바삭 잔멸치볶음

- ☐ 잔멸치 1컵(50g)
- ☐ 식용유 1스푼
- ☐ 다진 마늘 0.5스푼
- ☐ 설탕 1스푼
- ☐ 통깨 1스푼
- ☐ 맛술 1스푼

깐풍 애느타리버섯

- ☐ 애느타리버섯 1팩
  (250~300g)
- ☐ 송송 썬 대파 1줌
- ☐ 풋고추 1개
- ☐ 홍고추 약간
- ☐ 식용유 1스푼
- ☐ 설탕 1스푼
- ☐ 양조간장 2스푼
- ☐ 식초 2스푼
- ☐ 올리고당 1스푼

알배추피클

- ☐ 알배추 1통(400~500g)
- ☐ 설탕 1/2컵(75g)
- ☐ 식초 1/2컵(100㎖)
- ☐ 물 1과 1/2컵(300㎖)
- ☐ 굵은소금 1스푼
- ☐ 피클링 스파이스 0.5스푼
- ☐ 베트남 고추 5개(생략 가능)

감자 옥수수샐러드

- ☐ 감자 1과 1/2개(300g)
- ☐ 통조림 옥수수 6스푼
- ☐ 양파 1/6개(약 30g)
- ☐ 체다 슬라이스치즈 1장
- ☐ 물 3컵(600㎖)
- ☐ 설탕 2스푼
- ☐ 굵은소금 0.5스푼
- ☐ 마요네즈 3스푼
- ☐ 홀그레인 머스터드 0.5스푼
- ☐ 통후추 간 것 약간

무생채

STEP **1** ○ 무 썰기

STEP **2** ○ 무 절이기

STEP **3** ○ 무 물기 없애기

STEP **4** ○ 무, 양념 무치기

▍5가지 반찬 **한 번에 만들기**

바삭 잔멸치볶음	깐풍 애느타리버섯	알배추피클	감자 옥수수샐러드
	애느타리버섯, 대파, 고추 썰기	알배추 썰기	감자 손질 후 익혀 식히기
			통조림 옥수수 물기 없애기, 양파 다지기
잔멸치 볶기	애느타리버섯 볶기	배합초 끓이기	
양념 넣어 볶기	깐풍 소스 만든 후 애느타리버섯 넣고 섞기	알배추, 배합초 섞기	모든 재료 버무리기

SET 3

무생채

🥗 4인분 | ⏱ 20분 (+ 절이기 30분)

- 무 1토막(600g)
- 설탕 4스푼

양념
- 고춧가루 2스푼
- 다진 파 4스푼
- 다진 마늘 1스푼
- 통깨 1스푼
- 식초 2스푼
- 초피액젓 4스푼
  (또는 참치한스푼, 액젓류)

TIP

무생채 양념은 액젓에서 차이가 나요.
따라서 평소 익숙한 액젓을 사용해서
만들면 더 맛있게 즐길 수 있지요.

1
무는 나무젓가락
얇은 쪽 정도의
굵기로 채 썬다.
* 채칼을 사용해도 좋다.

2
볼에 무, 설탕을 넣고
버무려
30분간 절인다.

3
절인 무에서 나온 물은
따라 버린다.

4
무에 양념 재료를 넣고
무친다.

바삭
잔멸치볶음

🍚 3~4인분 | ⏱ 15분

• 잔멸치 1컵(50g)
• 식용유 1스푼

양념
• 다진 마늘 0.5스푼
• 설탕 1스푼
• 통깨 1스푼
• 맛술 1스푼

 TIP

따뜻한 밥에 바삭 잔멸치볶음,
조미 김가루, 참기름을 더해
주먹밥으로 즐겨도 좋아요.

1

달군 팬에 식용유를
두르고 잔멸치를 넣어
중약 불에서 바삭해질
때까지 4~5분간
볶는다.

2

다진 마늘을 넣고
1분간 볶는다.

3

설탕, 맛술을 넣고
1~2분간 볶는다.

4

통깨를 넣어 섞는다.

SET 3

깐풍
애느타리버섯

🍱 2인분 | ⏱ 20분

- 애느타리버섯 1팩(250~300g)
- 송송 썬 대파 1줌
- 풋고추 1개
- 홍고추 약간
- 식용유 1스푼

깐풍 소스
- 설탕 1스푼
- 양조간장 2스푼
- 식초 2스푼
- 올리고당 1스푼

1 애느타리버섯은 가닥가닥 떼어낸다.

2 풋고추, 홍고추는 송송 썰고, 대파도 분량만큼 송송 썬다.

3 달군 팬에 기름을 두르지 않은 채 애느타리버섯을 넣고 뒤집어가며 중간 불에서 4~5분간 바싹 볶은 후 덜어둔다.

4 다시 팬을 달군 후 식용유를 두르고 대파, 고추를 넣어 중간 불에서 2분간 볶는다.

5 약한 불로 줄인 후 깐풍 소스 재료를 넣고 중간 불로 올려 끓인다.

6 볶은 애느타리버섯을 넣고 섞는다.

SET 3

알배추피클

🥣 30인분 | ⏱ 20분

• 알배추 1통(400~500g)

배합초
• 설탕 1/2컵(75g)
• 식초 1/2컵(100ml)
• 물 1과 1/2컵(300ml)
• 굵은소금 1스푼
• 피클링 스파이스 0.5스푼
• 베트남 고추 5개(생략 가능)

TIP

❶ 피클링 스파이스는 혼합 향신료의 일종이에요. 피클을 만들 때 주로 사용하는데요, 저장성을 높여주고 맛도 더 입체적으로 만들어줘요. 마트, 백화점, 인터넷에서 구입 가능해요.

❷ 베트남 고추는 송송 썬 청양고추 1~2개로 대체해도 좋아요. 훨씬 매콤하면서 개운하게 즐길 수 있어요.

1
알배추는 한입 크기로 썬 후 볼에 담는다.

2
냄비에 배합초 재료를 넣고 센 불에서 끓어오르면 1분간 더 끓인다. ＊설탕이 다 녹도록 잘 저어주세요.

3
배합초가 뜨거울 때 ①에 붓는다.

4
중간중간 뒤적여가며 실온에서 3~4시간 둔다. 밀폐용기에 옮겨 담은 후 냉장 보관한다. 1일 정도 숙성시킨 후 먹는다.

감자 옥수수샐러드

🥣 3~4인분 | ⏱ 30분

- 감자 1과 1/2개(300g)
- 통조림 옥수수 6스푼
- 양파 1/6개(약 30g)
- 체다 슬라이스치즈 1장

감자 삶는 물
- 물 3컵(600㎖)
- 설탕 2스푼
- 굵은소금 0.5스푼

소스
- 마요네즈 3스푼
- 홀그레인 머스터드 0.5스푼
- 통후추 간 것 약간

1 감자는 껍질을 벗긴다.

2 한입 크기로 대강 썬다.

3 냄비에 감자 삶는 물 재료를 넣고 끓어오르면 감자를 넣고 저어가며 완전히 익힌다.

4 체에 밭쳐 그대로 식힌다.

5 통조림 옥수수는 체에 밭쳐 물기를 없앤다.

6 양파는 잘게 다진다.

7 볼에 식힌 감자, 옥수수, 양파,
체다 슬라이스치즈를 대강 잘라 넣는다.

8 소스 재료를 넣고 골고루 버무린다.

SET 4

← **구운 가지무침** 54쪽

'가지는 사랑'이라고 이야기할 정도로 지금은 가지를 좋아하지만, 어려서는 거부했던 채소예요. 익힌 가지의 물컹한 식감이 싫더라고요. 모든 사람이 가지를 좋아할 수 있도록, 가지를 한 번 구워서 무쳤어요. 덕분에 식감은 단단해지고, 맛은 훨씬 더 응축된 느낌이지요.

→ **쪽파 김무침** 55쪽

쪽파 김무침은 간단한데 입맛이 돋는 반찬이에요. 쪽파가 달달한 때에 사서 꼭 만들어보세요. 흰 부분을 씹었을 때 톡 터지는 맛이 너무 매력적이랍니다. 김과의 조화가 진짜 좋아요.

→ **코울슬로** 56쪽

코울슬로는 쉽게 말해 '서양식 김치'라고
생각하면 돼요. 모든 요리를 개운하게
해주지요. 양배추에 홀그레인 머스터드를
넣어 고급스러운 맛을 살렸고, 불을
사용하지 않아 더운 여름에 만들기도
좋아요. 냉장고에 뒀다가 먹으면 더 맛있는,
KFC보다 더 손이 가는 코울슬로입니다.

← **메추리알장** 57쪽

삶은 메추리알을 사면 이것만큼 쉬운 요리가 없어요.
양념에 넣기만 하면 되거든요. 채소의 달달함이
우러난 양념과 메추리알을 숟가락으로 함께
떠먹어보세요. 짜지 않아 더 맛있어요.

→ **쪽파김치** 58쪽

쪽파가 저렴해지는 계절이면 한 단을 사서
쪽파 김무침(55쪽)도 만들고, 김치도 만들곤 해요.
김치라고 해서 어려울 게 없어요. 쪽파를 썰어서
무치기만 하면 되니 정말 간편하지요.
사실 김치라기보단 무침에 더 가까울 정도로 쉽지만
노력 대비 맛은 확실하게 보장합니다.

▎5가지 반찬 **장보기**

구운 가지무침

☐ 가지 3개(작은 것, 300g)
☐ 다진 파 2스푼
☐ 다진 마늘 0.5스푼
☐ 양조간장 1스푼
☐ 초피액젓 1스푼
　(또는 다른 액젓류)
☐ 올리고당 1스푼
☐ 참기름 1스푼
☐ 통깨 0.5스푼
☐ 후춧가루 약간

쪽파 김무침

☐ 쪽파 150g
☐ 조미 김가루 1줌
☐ 굵은소금 0.5스푼
☐ 참치한스푼 1스푼
　(또는 연두)
☐ 참기름 1스푼
☐ 통깨 간 것 0.5스푼

코울슬로

☐ 양배추 1/4통(300g)
☐ 당근 1/6개(30g)
☐ 설탕 1스푼
☐ 식초 1스푼
　(또는 레몬즙, 애플 비네거)
☐ 마요네즈 3스푼
☐ 홀그레인 머스터드 0.5스푼
　(생략 가능)
☐ 소금 3꼬집
☐ 통후추 간 것 약간

메추리알장

☐ 삶은 메추리알 25개
　(또는 반숙 삶은 달걀, 300g)
☐ 다진 파 1스푼
☐ 다진 풋고추 1스푼
☐ 다진 홍고추 1스푼
☐ 양조간장 2스푼
☐ 참치진국 1스푼
　(또는 굴소스 0.5스푼)
☐ 맛술 1스푼
☐ 올리고당 2스푼
☐ 참기름 1스푼
☐ 통깨 0.5스푼
☐ 물 1/4컵(50㎖)

쪽파김치

☐ 쪽파 250g
☐ 고춧가루 3스푼
☐ 초피액젓 4스푼
　(또는 다른 액젓류)
☐ 올리고당 2스푼
☐ 참기름 1스푼
☐ 통깨 0.5스푼

구운 가지무침

STEP 1 ○ 가지 썰기

STEP 2 ○ 양념 만들기

STEP 3 ○ 가지 굽기

STEP 4 ○ 가지, 양념 무치기

▌5가지 반찬 **한 번에 만들기**

쪽파 김무침	코울슬로	메추리알장	쪽파김치
쪽파 썰기	양배추, 당근 썰기	메추리알 물기 없애기	쪽파 썰기
		양념 만들기	양념 만들기
쪽파 데친 후 헹궈 물기 없애기			
쪽파, 양념, 조미 김가루 무치기	소스와 버무리기	용기에 모든 재료 담기	쪽파, 양념 무치기

SET 4

구운 가지무침

🥘 2인분 | ⏱ 20분

• 가지 3개(작은 것, 300g)

양념
• 다진 파 2스푼
• 다진 마늘 0.5스푼
• 양조간장 1스푼
• 초피액젓 1스푼
  (또는 다른 액젓류)
• 올리고당 1스푼
• 참기름 1스푼
• 통깨 0.5스푼
• 후춧가루 약간

1
가지는 길이로 반을 썬 후 다시 5cm 길이로 썬다.

2
볼에 양념 재료를 섞는다.

3
달군 팬에 기름을 두르지 않은 채 가지를 올려 중강 불에서 뒤집어가며 노릇하게 굽는다.

4
양념에 구운 가지를 넣고 조물조물 무친다.

쪽파 김무침

🥣 2인분 | ⏱ 15분

- 쪽파 150g
- 조미 김가루 1줌
- 굵은소금 0.5스푼

양념
- 참치한스푼 1스푼
  (또는 연두)
- 참기름 1스푼
- 통깨 간 것 0.5스푼

1 쪽파는 5cm 길이로 썬다.

2 냄비에 넉넉한 양의 물을 넣고
끓어오르면 굵은소금을 넣는다.

3 쪽파를 넣고 센 불에서 1분간
저어가며 데친다.

4 찬물에 2~3회 헹군다.

5 쪽파의 물기를 가볍게 짠다.
* 물을 너무 세게 짜면 미끄러운 진물이
나오므로 가볍게 짜야 해요.

6 볼에 쪽파, 양념, 조미 김가루를 넣고
조물조물 무친다.

SET 4

코울슬로

🥣 5인분 | ⏱ 20분

- 양배추 1/4통(300g)
- 당근 1/6개(30g)

소스
- 설탕 1스푼
- 식초 1스푼
  (또는 레몬즙, 애플 비네거)
- 마요네즈 3스푼
- 홀그레인 머스터드 0.5스푼
  (생략 가능)
- 소금 3꼬집
- 통후추 간 것 약간

 TIP

통조림 옥수수나 다진 파프리카, 사과를
더해도 좋아요.

1

양배추, 당근은 잘게
다진다.

2

볼에 양배추, 당근을
넣는다.

3

소스 재료를 모두 넣는다.

4

골고루 버무린다.

SET 4

메추리알장

🥣 2~3인분 | ⏱ 15분

- 삶은 메추리알 25개
  (또는 반숙 삶은 달걀, 300g)

양념
- 다진 파 1스푼
- 다진 풋고추 1스푼
- 다진 홍고추 1스푼
- 양조간장 2스푼
- 참치진국 1스푼
  (또는 굴소스 0.5스푼)
- 맛술 1스푼
- 올리고당 2스푼
- 참기름 1스푼
- 통깨 0.5스푼
- 물 1/4컵(50㎖)

1

삶은 메추리알은 체에
밭쳐 물기를 없앤다.

2

볼에 양념 재료를 모두
넣고 섞는다.

3

밀폐용기에 메추리알,
양념을 담는다.

4

실온에 2~3시간
두었다가 먹는다.

＊ 중간중간 위아래
  뒤적이면서
  메추리알에 양념이 고루
  배도록 하세요.

쪽파김치

🥣 10인분 | ⏱ 15분

- 쪽파 250g

양념
- 고춧가루 3스푼
- 초피액젓 4스푼
  (또는 다른 액젓류)
- 올리고당 2스푼
- 참기름 1스푼
- 통깨 0.5스푼

1

손질한 쪽파는
물기를 없앤다.

2

4~5cm 길이로 썬다.

3

큰 볼에 양념 재료를
섞는다.

4

썰어둔 쪽파를 넣고
살살 무친 후 바로
먹는다.

"

숙성시키지 말고 바로 맛보세요.
겉절이처럼 풋풋한 느낌이 새롭답니다.

"

SET 5

애호박볶음
+ 들기름 고추볶음
+ 매운 감자조림
+ 바라깻잎조림
+ 양파채장아찌

→ **애호박볶음** 64쪽

살캉살캉한 식감, 달큼한 맛을
가진 애호박의 맛을 가장
잘 느낄 수 있는 메뉴가 바로 볶음이죠.
한 번에 담백한 아이용, 매콤한
어른용으로 만들 수 있는 방법도
소개합니다.

→ **들기름 고추볶음** 65쪽

들기름 고추볶음, 일명 고추물이라고도 하는
반찬이에요. 저희 외할머니, 그리고
친정 엄마가 잘 만들어주셨었는데요,
밥에 넣고 비빈 다음에 김에 싸 먹으면
꿀맛이지요. 잔치국수나 칼국수, 수제비에
넣어도 맛있어요. 아이들도 잘 먹는답니다.

→ **매운 감자조림** 66쪽

감자가 제철이면 감자로 다양한 요리를
해먹을 수 있어 참 좋아요. 특히나 빨간
양념이 먹음직스러운 매운 감자조림은
밥과 함께 쓱쓱 비벼 먹으면 아주 제대로 된
밥도둑이지요. 감자를 익히는 동안 양념에
감자전분이 스며들었을 테니 국물까지
꼭 맛보도록 하세요.

← **바라깻잎조림** 67쪽

바라깻잎은 기존 깻잎처럼 차곡차곡 개어 나온 것이
아닌 무더기로 파는 것이에요. 깻잎순으로 팔기도
하고, 제법 큰 깻잎이 뭉쳐 있기도 하지요.
일반 깻잎보다 가격이 훨씬 싸요. 싸니까,
푹푹 먹어도 좋게 조림을 해보는 거죠. 들기름이
잘 스며든 깻잎의 향이 너무 좋아요. 처음에
양념이 부족해 보여도 충분하니깐 걱정 마세요.

→ **양파채장아찌** 68쪽

양파를 굵게 채 썰 동안 절임물을 끓여서
섞기만 하면 끝나는 장아찌예요. 해마다
담가 먹는데요, 매번 너무 맛있어서
감동하곤 하지요. 고기 먹을 때나
부침개와 같은 느끼한 음식에 곁들이면
좋아요. 장아찌 초보도 만들 수 있어요.

▌5가지 반찬 **장보기**

애호박볶음

- ☐ 애호박 1개(300~350g)
- ☐ 양파 1/4개(50g)
- ☐ 홍고추 1/2개
- ☐ 다진 마늘 1스푼
- ☐ 검은깨 약간
- ☐ 식용유 2스푼
- ☐ 송송 썬 대파 1줌
- ☐ 참치한스푼 1스푼
  (또는 연두, 새우젓)
- ☐ 맛술 1스푼
- ☐ 올리고당 1스푼
- ☐ 참기름 1스푼

들기름 고추볶음

- ☐ 고추 250g(오이고추,
  풋고추, 청양고추 등)
- ☐ 홍고추 1개(생략 가능)
- ☐ 다진 마늘 1스푼
- ☐ 들기름 4스푼
- ☐ 참치한스푼 2스푼
  (또는 연두)
- ☐ 초피액젓 2스푼
  (또는 다른 액젓류)
- ☐ 맛술 3스푼

매운 감자조림

- ☐ 감자 1과 1/2개(300g)
- ☐ 양파 1/2개(100g)
- ☐ 청양고추 1개
- ☐ 송송 썬 대파 1줌
- ☐ 통깨 약간
- ☐ 물 2컵(200㎖)

- ☐ 식용유 1스푼
- ☐ 고춧가루 1스푼
- ☐ 다진 마늘 1스푼
- ☐ 양조간장 2스푼
  (또는 참치진국)
- ☐ 맛술 1스푼
- ☐ 고추장 2스푼
- ☐ 올리고당 2스푼
- ☐ 참기름 1스푼

바라깻잎조림

- ☐ 바라깻잎 200g
- ☐ 송송 썬 청양고추 1개
- ☐ 송송 썬 홍고추 약간(생략 가능)
- ☐ 고춧가루 1스푼
- ☐ 다진 마늘 0.5스푼
- ☐ 참치진국 3스푼
  (또는 굴소스 1.5스푼)
- ☐ 양조간장 2스푼
- ☐ 맛술 1스푼
- ☐ 올리고당 2스푼
- ☐ 들기름 3스푼
- ☐ 물 1/2컵(100㎖)

양파채장아찌

- ☐ 양파 4~5개(800g~1kg)
- ☐ 청양고추 4개
- ☐ 홍고추 1개
- ☐ 설탕 1컵(150g)
- ☐ 물 1과 1/2컵(300㎖)
- ☐ 식초 1컵(200㎖)
- ☐ 양조간장 1컵(200㎖)

애호박볶음

STEP 1 — 애호박, 양파, 홍고추
썰기

STEP 2 — 양념 만들기

STEP 3 — 재료 볶기

STEP 4 — 양념 넣어 볶기

5가지 반찬 **한 번에 만들기**

들기름 고추볶음	매운 감자조림	바라깻잎조림	양파채장아찌
고추 다지기	감자, 양파, 청양고추, 대파 썰기	바라깻잎 씻어 물기 없애기	양파, 고추 썰기
	양념 만들기	양념 만들기	
고추 볶기	재료 볶기	바라깻잎 넣고 끓이기	절임물 끓이기
양념 넣어 볶기	양념 넣어 익히기	청양고추, 홍고추 넣어 조리기	양파, 고추, 절임물 섞기

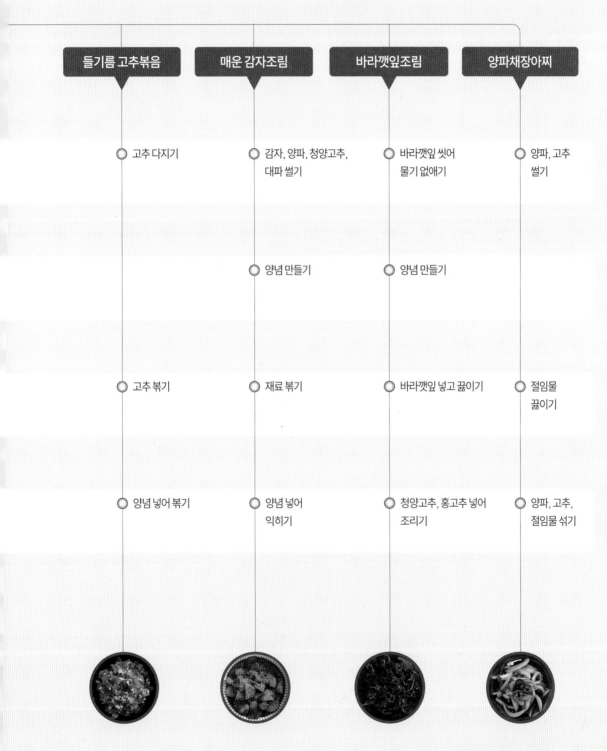

SET 5

애호박볶음

🍚 3~4인분 | ⏱ 10분

• 애호박 1개(300~350g)
• 양파 1/4개(50g)
• 홍고추 1/2개
• 다진 마늘 1스푼
• 검은깨 약간
• 식용유 2스푼

양념
• 송송 썬 대파 1줌
• 참치한스푼 1스푼
  (또는 연두, 새우젓)
• 맛술 1스푼
• 올리고당 1스푼
• 참기름 1스푼

TIP

마지막에 애호박볶음 1/2분량을
덜어낸 후 고춧가루 0.5스푼,
후춧가루 약간을 더해
매콤 애호박볶음으로 즐겨도 좋아요.

1 애호박은 0.8cm 두께의
  반달 모양으로 썰고,
  양파는 한입 크기로 썬다.
  홍고추는 어슷 썬다.

2 볼에 양념 재료를 섞는다.

3 달군 팬에 식용유를 두르고
  다진 마늘을 넣고 중간 불에서
  1분간 볶아 향을 낸다.

4 애호박, 양파, 홍고추를 넣고
  3~4분간 볶는다.

5 양념을 넣고 2~3분간 볶은 후
  검은깨를 넣는다.

SET 5

들기름
고추볶음

🍲 10인분 | ⏱ 20분

- 고추 250g
  (오이고추, 풋고추, 청양고추 등)
- 홍고추 1개(생략 가능)
- 다진 마늘 1스푼
- 들기름 4스푼

양념
- 참치한스푼 2스푼(또는 연두)
- 초피액젓 2스푼(또는 다른 액젓류)
- 맛술 3스푼

1
고추를 차퍼에 넣고
거칠게 대강 다진다.
* 차퍼가 없다면 손으로
  다져도 돼요.

2
달군 팬에 들기름,
다진 마늘을 넣고
중간 불에서 1분간 볶아
향을 낸다.

3
다진 고추를 넣고
숨이 죽고 색이
변할 때까지
중간 불에서 4~5분간
충분히 볶는다.

4
양념을 넣고 고추에
배어들 때까지
3분간 볶는다.

매운 감자조림

🍚 2~3인분 | ⏱ 25분

• 감자 1과 1/2개(300g)
• 양파 1/2개(100g)
• 청양고추 1개
• 송송 썬 대파 1줌
• 통깨 약간
• 물 2컵(200㎖)
• 식용유 1스푼

양념
• 고춧가루 1스푼
• 다진 마늘 1스푼
• 양조간장 2스푼(또는 참치진국)
• 맛술 1스푼
• 고추장 2스푼
• 올리고당 2스푼
• 참기름 1스푼

1 감자, 양파는 한입 크기로 썬다.
청양고추는 송송 썰고,
대파도 분량만큼 송송 썬다.

2 볼에 양념 재료를 넣고 섞는다.

3 깊은 팬을 달군 후 식용유를 두르고,
감자, 양파를 넣어 감자의 겉면이
투명하게 익을 때까지 중간 불에서
1분간 볶는다.

4 양념을 넣고 풀어준다. 양념을 담았던
볼에 물(2컵)을 넣고 헹궈가면서
팬에 붓는다.

5 감자가 완전히 익을 때까지 뚜껑을
열고 센 불에서 4~5분간 익힌다.
이때, 바닥에 눌어붙지 않도록
중간중간 저어준다.

6 청양고추, 대파, 통깨를 넣는다.

바라깻잎조림

🍲 3~4인분 | ⏱ 15분

• 바라깻잎 200g
• 송송 썬 청양고추 1개
• 송송 썬 홍고추 약간(생략 가능)

양념
• 고춧가루 1스푼
• 다진 마늘 0.5스푼
• 참치진국 3스푼
  (또는 굴소스 1.5스푼)
• 양조간장 2스푼
• 맛술 1스푼
• 올리고당 2스푼
• 들기름 3스푼
• 물 1/2컵(100㎖)

1 바라깻잎은 씻어 물기를 없앤다.

2 팬에 양념 재료를 넣고 센 불에서
   끓인다.

3 끓어오르면 깻잎을 넣는다.

4 중강 불로 줄인 후
   깻잎을 위아래 뒤적이면서
   양념이 골고루 섞이도록
   4~5분간 끓인다.

5 청양고추, 홍고추를 넣고
   2~3분간 양념이 자작해질 때까지
   조린다.

SET 5

양파채장아찌

🍲 20인분 | ⏱ 20분

• 양파 4~5개(800g~1kg)
• 청양고추 4개
• 홍고추 1개

절임물
• 설탕 1컵(150g)
• 물 1과 1/2컵(300mℓ)
• 식초 1컵(200mℓ)
• 양조간장 1컵(200mℓ)

1 양파는 굵게 채 썰고,
고추는 송송 썬다.

2 볼에 양파, 고추를 모두 넣는다.

3 냄비에 절임물 재료를 넣고 센 불에서
끓어오르면 1분간 더 끓인다.
＊ 설탕이 다 녹도록 잘 저어주세요.

4 절임물이 뜨거울 때 ②에 붓는다.

5 중간중간 뒤적여가며 실온에서
3~4시간 둔다. 밀폐용기에 옮겨
담은 후 냉장 보관한다. 1일 정도
숙성시킨 후 먹는다.

66

양파채장아찌는 기름진 부침개나 고기 요리와 잘 어울려요.
특히 부침개를 먹을 때 장아찌만 있다면
따로 양념 간장을 만들지 않아도 되지요.

99

SET 6

매운 가지볶음
+ 간장 오징어채볶음
+ 베이컨 양배추볶음
+ 양배추겉절이
+ 생깻잎김치

← **매운 가지볶음** 74쪽

가지를 물컹거리지 않게 볶기 위해
먼저 소금에 살짝 절였어요. 여기에
기름 코팅을 하고, 마지막으로
맛있는 양념까지 더했답니다.

→ **간장 오징어채볶음** 75쪽

오징어채를 맛술과 마요네즈에
미리 버무려둬 부드럽게
한 후 간장 양념에 볶는, 저만의
오징어채볶음 레시피입니다.
이웃에게 알려줬더니 수십 번을
만들어 먹었다고 하네요. 매운
반찬을 못 먹는 아이들에게
해주기에 특히 좋아요.

← 베이컨 양배추볶음 76쪽

양배추는 볶을수록 단맛이 올라오는 채소입니다.
단백질 보충을 위해 베이컨을 더했는데요, 베이컨의
짭조름함 덕분에 간을 세게 하지 않아도 돼요.
여기에 삶은 우동사리를 넣고 버무려도 맛있어요.

→ 양배추겉절이 77쪽

양배추가 맛있는 계절이 되면 가격 또한 너무
착하더라고요. 다양하게 활용할 수 있는 겉절이를
소개해요. 양배추를 소금이 아닌 절임물에 절여
더 빠르고, 고루 맛있게 절일 수 있어요. 바로 먹어도
맛있고, 푹 익혀도 일품이에요.

↘ 생깻잎김치 78쪽

깻잎김치는 반찬가게에서 사 먹는
거라고만 생각했다면 주목하세요.
진짜 맛있고 간단한 깻잎김치
레시피를 소개할게요. 깻잎의 향이
진하게 느껴지고, 양념 또한 입에
짝짝 붙는답니다. 밥에
싸 먹으면 눈물 나게 맛있어요.

▌5가지 반찬 **장보기**

매운 가지볶음

- ☐ 가지 3개(작은 것, 300g)
- ☐ 굵은소금 0.3스푼
- ☐ 식용유 1스푼
- ☐ 다진 마늘 1스푼
- ☐ 다진 파 3스푼
- ☐ 양조간장 1스푼
- ☐ 고추장 1스푼
- ☐ 올리고당 1스푼
- ☐ 참기름 0.5스푼
- ☐ 통깨 0.5스푼

간장 오징어채볶음

- ☐ 오징어채 3줌(150g)
- ☐ 검은깨 약간
- ☐ 통깨 1스푼
- ☐ 맛술 2스푼
- ☐ 마요네즈 2스푼
- ☐ 다진 마늘 0.5스푼
- ☐ 양조간장 2스푼
- ☐ 올리고당 3스푼
- ☐ 생강청 1스푼
  (또는 생강즙 0.5스푼,
  생강가루 약간, 생략 가능)

베이컨 양배추볶음

- ☐ 양배추 1/4통(300g)
- ☐ 베이컨 3~4장(50g)
- ☐ 송송 썬 대파 1줌(또는 쪽파)
- ☐ 식용유 2스푼
- ☐ 다진 마늘 1스푼
- ☐ 참치한스푼 2스푼
  (또는 연두)

- ☐ 참기름 0.5스푼
- ☐ 통깨 0.5스푼
- ☐ 후춧가루 약간

양배추겉절이

- ☐ 양배추 1통(1~1.2kg)
- ☐ 송송 썬 대파 1줌(파란 부분)
- ☐ 물 1컵(200㎖)
- ☐ 굵은소금 2스푼
- ☐ 고춧가루 5스푼
- ☐ 다진 마늘 1스푼
- ☐ 초피액젓 5스푼
  (또는 다른 액젓류)
- ☐ 참치한스푼 2스푼
  (또는 연두)
- ☐ 올리고당 2스푼
  (기호에 따라 가감)

생깻잎김치

- ☐ 깻잎 5묶음
  (50~60장, 약 120g)
- ☐ 생수 4스푼
- ☐ 양파 1/4개(50g)
- ☐ 풋고추 1개
- ☐ 홍고추 1/2개
- ☐ 고춧가루 3스푼
- ☐ 다진 마늘 1스푼
- ☐ 양조간장 2스푼
- ☐ 초피액젓 3스푼
  (또는 다른 액젓류)
- ☐ 맛술 3스푼
- ☐ 올리고당 2스푼
- ☐ 통깨 1스푼

매운 가지볶음

STEP 1 ○ 가지 썰기

STEP 2 ○ 가지 절이기,
양념 만들기

STEP 3 ○ 절인 가지
물기 없애기

STEP 4 ○ 가지 볶아
양념과 섞기

▌5가지 반찬 **한 번에 만들기**

간장 오징어채볶음	베이컨 양배추볶음	양배추겉절이	생깻잎김치
오징어채 자르기	양배추, 베이컨, 대파 썰기	양배추, 대파 썰기	양파, 고추 다지기
1차 양념에 무치기		절임물 재료에 양배추 절이기	양념 만들기
		양배추 물기 없애기, 양념 만들기	
2차 양념 끓인 후 오징어채 볶기	베이컨, 양배추, 양념 순으로 볶기	양배추, 대파 양념 버무리기	깻잎, 양념을 번갈아가며 담기

SET 6

매운 가지볶음

🍲 2~3인분 | ⏱ 20분 (+ 절이기 20분)

• 가지 3개(작은 것, 300g)
• 굵은소금 0.3스푼
• 식용유 1스푼

양념
• 다진 마늘 1스푼
• 다진 파 3스푼
• 양조간장 1스푼
• 고추장 1스푼
• 올리고당 1스푼
• 참기름 0.5스푼
• 통깨 0.5스푼

1 가지는 먹기 좋은 크기로 썬다.

2 볼에 가지, 굵은소금을 담고 버무려 20분간 절인다.
* 가지는 최대 1시간까지 절여도 돼요.

3 볼에 양념 재료를 섞는다.

4 절인 가지는 물기를 꼭 짠다.
* 물기를 꼭 짜야 가지의 식감이 더 좋아져요.

5 달군 팬에 식용유를 두르고 가지를 넣어 식용유에 코팅하듯 중간 불에서 2~3분간 노릇하게 볶는다.

6 양념을 넣고 1분간 볶는다.

SET 6

간장
오징어채볶음

🥣 4~5인분 | ⏱ 15분

• 오징어채 3줌(150g)
• 검은깨 약간

1차 양념
• 통깨 1스푼
• 맛술 2스푼
• 마요네즈 2스푼

2차 양념
• 다진 마늘 0.5스푼
• 양조간장 2스푼
• 올리고당 3스푼
• 생강청 1스푼
  (또는 생강즙 0.5스푼,
  생강가루 약간, 생략 가능)

1 오징어채는 먹기 좋은 크기로 자른다.

2 볼에 오징어채, 1차 양념을 넣고
조물조물 무친다.

3 팬에 2차 양념을 넣고 저어가며
중간 불에서 바글바글 끓인다.

4 끓어오르면 1차 양념한 오징어채를
넣는다.

5 2~3분간 양념에 조리듯이 볶는다.

6 그릇에 담고 검은깨를 뿌린다.

베이컨
양배추볶음

🍽 2~3인분 | ⏱ 15분

• 양배추 1/4통(300g)
• 베이컨 3~4장(50g)
• 송송 썬 대파 1줌(또는 쪽파)
• 식용유 2스푼
• 다진 마늘 1스푼

양념
• 참치한스푼 2스푼(또는 연두)
• 참기름 0.5스푼
• 통깨 0.5스푼
• 후춧가루 약간

TIP

우동사리 1인분을 삶은 후 마지막에
더해 볶음우동으로 즐겨도 좋아요.
부족한 간은 소금으로 더하세요.

1 양배추, 베이컨은 굵게 채 썬다.
대파는 분량만큼 송송 썬다.

2 달군 팬에 베이컨을 넣고 굽듯이
볶은 후 팬의 한쪽으로 밀어둔다.
* 기름기가 많은 베이컨이라면
볶는 도중 기름을 닦아내세요.

3 팬의 반대쪽에 식용유,
다진 마늘을 넣고 중약 불에서
1분간 볶아 향을 낸다.

4 양배추를 넣고 중간 불로 올려
모든 재료를 한꺼번에
2~3분간 볶는다.

5 대파, 양념을 넣고 한 번 더 섞는다.

SET 6

양배추겉절이

🍲 20인분 | ⏱ 20분(+ 절이기 1시간)

- 양배추 1통(1~1.2kg)
- 송송 썬 대파 1줌(파란 부분)

절임물
- 물 1컵(200㎖)
- 굵은소금 2스푼

양념
- 고춧가루 5스푼
- 다진 마늘 1스푼
- 초피액젓 5스푼
  (또는 다른 액젓류)
- 참치한스푼 2스푼
  (또는 연두)
- 올리고당 2스푼(기호에 따라 가감)

1 양배추는 큼직하게 한입 크기로 썬다.

2 작은 볼에 절임물 재료를 넣고 소금이 완전히 녹을 때까지 섞는다.

3 큰 볼에 양배추를 넣고 절임물을 골고루 뿌려 숨이 죽을 때까지 1시간 정도 절인다. 이때, 중간중간 뒤적이면서 잘 절여지도록 한다.

4 절인 양배추는 찬물에 1~2회 헹구고 체에 밭쳐 물기를 없앤다.

5 다른 큰 볼에 양념 재료를 섞는다.

6 양배추, 대파를 넣고 살살 버무린다.

SET 6

생깻잎김치

🥢 10인분 | ⏱ 20분

- 깻잎 5묶음(50~60장, 약 120g)
- 생수 4스푼

양념
- 양파 1/4개(50g)
- 풋고추 1개
- 홍고추 1/2개
- 고춧가루 3스푼
- 다진 마늘 1스푼
- 양조간장 2스푼
- 초피액젓 3스푼(또는 다른 액젓류)
- 맛술 3스푼
- 올리고당 2스푼
- 통깨 1스푼

TIP

깻잎의 분량을 70~80장까지 늘려도 좋아요. 이때, 양념의 양은 레시피 그대로 진행해도 됩니다.

1

깻잎은 꼭지를 떼고, 물기를 대강 털어 준비한다. 양파, 고추는 굵게 다진다.

2

볼에 모든 양념 재료를 넣고 섞는다.

3

밀폐용기에 깻잎 3~4장을 올린 후 양념을 바른다. 같은 방법으로 반복해서 켜켜이 담는다.

4

마지막에 양념을 담았던 볼에 생수(4스푼)를 넣고 헹궈가면서 깻잎에 붓는다. 뚜껑을 덮고 실온에 2~3시간 두었다가 먹는다.

<blockquote>
"

따뜻한 밥에 생깻잎김치 한 장을 올려서
싸 먹어 보세요.
다른 반찬이 필요 없는 밥도둑이랍니다.
이때, 양념을 가득 더하도록 해요.

"
</blockquote>

SET 7

하얀 오이무침
+ 콩나물볶음
+ 대파 왕멸치조림
+ 가지구이 스테이크
+ 고추장아찌

← **하얀 오이무침** 84쪽

고춧가루나 고추장 없이 깔끔하게 무쳐
먹는 하얀 오이무침이에요. 소금의
짭짤함에 간이 딱 맞고, 설탕의 달콤함,
식초의 새콤함까지. 오이피클과는
또 다른 스타일이랍니다. 바로 무쳐서
먹어도 좋고, 넉넉하게 만들어
냉장고에 두고 즐기기에도 제격이에요.

→ **콩나물볶음** 85쪽

콩나물은 무침, 찜, 전 등
다양하게 활용 가능한데요,
그중 제일 좋아하는 건 볶음!
콩나물을 센 불에 빠르게
볶고, 양념에 참치한스푼을
더하는 것이 저만의 비법!

← 대파 왕멸치조림 86쪽

왕멸치조림을 만들고 있을 때면 외할머니께서
해주시던 시골밥상이 떠오를 거예요. 구수한 멸치와
짭조름한 양념에 깊은 향까지! 멸치와 양념을 증기로
뭉근하게 찐 후 마지막에 볶는 특징이 있지요.
넉넉하게 만들어 냉장고에 넣어두면
오랜 시간 변하지 않는 반찬이랍니다.

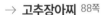

→ 가지구이 스테이크 87쪽

가지를 큼직하게 썰어 구운
스테이크는 언제 봐도
맛, 비주얼이 모두 훌륭한
메뉴입니다. 매일 먹는 식탁에
올려도, 특별한 날 손님상에 내도
잘 어울리지요. 스테이크처럼
포크와 나이프로 쓱싹 썰어 먹는
재미도 있답니다.

→ 고추장아찌 88쪽

절임물을 끓이지 않고 그대로 사용하는 것이
특징이에요. 이렇게 만들면 고추의 아삭함을
더 잘 느낄 수 있지요. 고기 요리나 부침개,
튀김 요리에 곁들여보세요. 개운한 맛을
더해준답니다. 고추는 다양한 종류를 섞어서
사용하는 것이 좋아요.

▍5가지 반찬 **장보기**

하얀 오이무침

- ☐ 오이 1개(200g)
- ☐ 양파 1/5개(40g)
- ☐ 홍고추 약간(생략 가능)
- ☐ 설탕 1스푼
- ☐ 소금 0.3스푼
- ☐ 다진 마늘 0.5스푼
- ☐ 식초 3스푼
- ☐ 올리고당 1스푼
- ☐ 통깨 0.5스푼

콩나물볶음

- ☐ 콩나물 6줌(300g)
- ☐ 송송 썬 대파 1줌
- ☐ 홍고추 1/2개(생략 가능)
- ☐ 다진 마늘 0.5스푼
- ☐ 통깨 0.5스푼
- ☐ 식용유 2스푼
- ☐ 고춧가루 1스푼
- ☐ 참치한스푼 1스푼
  (또는 연두)
- ☐ 맛술 1스푼
- ☐ 참기름 1스푼

대파 왕멸치조림

- ☐ 국물용 멸치 100g
  (약 100마리)
- ☐ 대파 1대
- ☐ 다진 마늘 2스푼
- ☐ 고추장 6스푼
- ☐ 올리고당 6스푼
- ☐ 맛술 2스푼
- ☐ 통깨 1스푼

가지구이 스테이크

- ☐ 가지 3개(작은 것, 300g)
- ☐ 통깨 0.5스푼
- ☐ 양조간장 1스푼
- ☐ 참치진국 1스푼
  (또는 굴소스 0.5스푼)
- ☐ 올리고당 2스푼
- ☐ 참기름 1스푼

고추장아찌

- ☐ 고추 250g
  (풋고추, 청양고추 등)
- ☐ 홍고추 1개(생략 가능)
- ☐ 설탕 1/2컵(75g)
- ☐ 식초 1/2컵(100㎖)
- ☐ 양조간장 1/2컵(100㎖)
- ☐ 굵은소금 0.5스푼

하얀 오이무침

STEP 1 ○ 오이, 양파,
홍고추 썰기

STEP 2

STEP 3

STEP 4 ○ 모든 재료 무치기

5가지 반찬 **한 번에 만들기**

콩나물볶음	대파 왕멸치조림	가지구이 스테이크	고추장아찌
콩나물 씻어 물기없애기, 대파, 홍고추 썰기	멸치 손질하기, 대파 썰기	가지 썰어 칼집내기	고추 썰어 용기에 담기
양념 만들기		양념 만들기	절임물 만들기
콩나물 볶기	팬에 재료, 양념 올려 뭉근하게 찌기	가지 굽기	재료에 절임물 붓기
양념 넣어 볶기	볶기	양념 넣어 조리기	

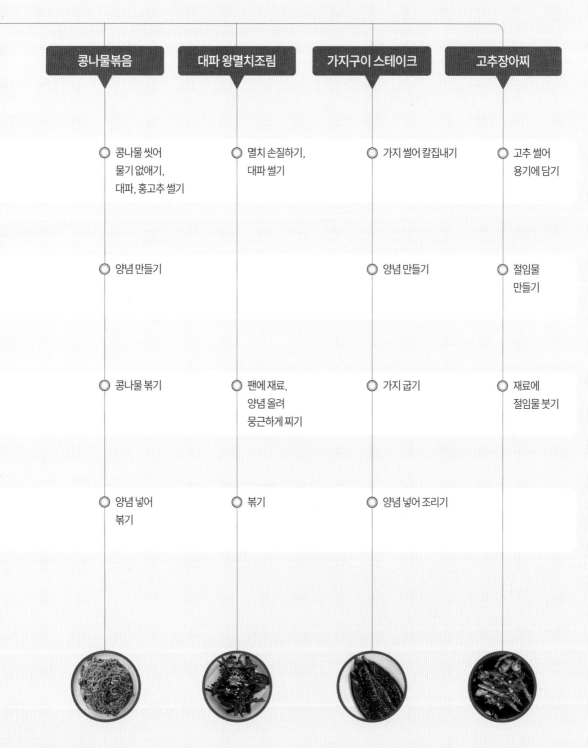

SET 7

하얀 오이무침

🥣 2인분 | ⏱ 10분

• 오이 1개(200g)
• 양파 1/5개(40g)
• 홍고추 약간(생략 가능)

양념
• 설탕 1스푼
• 소금 0.3스푼
• 다진 마늘 0.5스푼
• 식초 3스푼
• 올리고당 1스푼
• 통깨 0.5스푼

1
오이는 동그란 모양대로 송송 썬다.

2
양파는 오이와 비슷한 크기로 썰고, 홍고추는 송송 썬다.

3
볼에 오이와 양파를 넣고, 양념 재료를 더한다.

4
오이에 양념이 배어들도록 충분히 무친다. 홍고추를 섞는다.

콩나물볶음

🍚 2~3인분 ｜ ⏱ 15분

- 콩나물 6줌(300g)
- 송송 썬 대파 1줌
- 홍고추 1/2개(생략 가능)
- 다진 마늘 0.5스푼
- 통깨 0.5스푼
- 식용유 2스푼

양념
- 고춧가루 1스푼
- 참치한스푼 1스푼
  (또는 연두)
- 맛술 1스푼
- 참기름 1스푼

1 콩나물은 씻은 후 체에 밭쳐 물기를 없앤다.

2 홍고추는 송송 썰고, 대파도 분량만큼 송송 썬다.

3 볼에 양념 재료를 넣고 섞는다.

4 달군 팬에 식용유, 다진 마늘을 넣고 중간 불에서 1분간 볶아 향을 낸다. 콩나물을 넣고 센 불에서 2분간 볶아 살짝 숨을 죽인다.

5 약한 불로 줄인 후 양념을 넣고 버무린다.

6 대파, 홍고추, 통깨를 넣고 센 불에서 빠르게 볶는다.

SET 7

대파
왕멸치조림

🥣 10인분 | ⏱ 30분

- 국물용 멸치 100g(약 100마리)
- 대파 1대
- 다진 마늘 2스푼
- 고추장 6스푼
- 올리고당 6스푼
- 맛술 2스푼
- 통깨 1스푼

1 국물용 멸치는 머리, 내장을 떼어낸다.

2 대파는 큼직하게 썬 후 팬에 넣는다.

3 대파 위에 국물용 멸치를 펼쳐 올린다.

4 다진 마늘, 고추장, 올리고당, 맛술을 멸치에 올린다.

* 양념을 따로 섞지 않아도 돼요.

5 뚜껑을 덮고 중약 불에서 뭉근하게 4~5분간 찐다.

6 멸치에 양념이 스며들도록 중간 불로 올려 2~3분간 볶은 후 통깨를 더한다.

086

가지구이
스테이크

🍽 2인분 | ⏱ 15분

• 가지 3개(작은 것, 300g)
• 통깨 0.5스푼

양념
• 양조간장 1스푼
• 참치진국 1스푼
  (또는 굴소스 0.5스푼)
• 올리고당 2스푼
• 참기름 1스푼

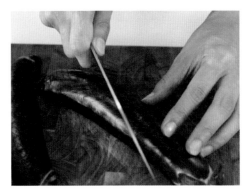

1
가지는 길이로 반을 썬 후
껍질 쪽에 열십(#) 자
모양으로 칼집을 낸다.
＊ 칼집을 내면
  모양도 예쁘고,
  양념도 잘 배요.

2
볼에 양념 재료를 섞는다.

3
달군 팬에 기름을 두르지
않은 채 가지를 넣어
앞뒤로 뒤집어가며
중간 불에서 3~4분간
노릇하게 굽는다.

4
양념을 넣고 불을 끈 후
남은 잔열로 타지 않게
뒤집어가며 조린다.
그릇에 담고 통깨를
뿌린다.

SET 7

고추장아찌

🍚 10인분 | ⏱ 20분

• 고추 250g
  (풋고추, 청양고추 등)
• 홍고추 1개(생략 가능)

절임물
• 설탕 1/2컵(75g)
• 식초 1/2컵(100㎖)
• 양조간장 1/2컵(100㎖)
• 굵은소금 0.5스푼

1 고추는 꼭지를 떼어낸다.

2 고추는 길이로 반을 썬다.

3 가운데 씨를 대강 없앤다.

＊ 씨를 없애면 매운맛이 줄어들고, 더 깔끔하게 즐길 수 있어요.

4 고추는 가위로 어슷하고 가늘게 잘라 밀폐용기에 담는다.

5 볼에 절임물 재료를 넣고 설탕이 완전히 녹을 때까지 섞는다.

6 ④의 밀폐용기에 절임물을 붓는다.

7 실온에 3~4시간 숙성시킨 후 먹는다.

SET 8

꽈리고추찜

+ 시금치볶음

+ 감자채볶음

+ 고추장 오징어채볶음

+ 오이 양파피클

← 꽈리고추찜 94쪽

엄마 손맛 생각나는 반찬이에요.
부침가루를 딱 한 숟가락만
넣어보세요. 고추를 부드럽게
해주고, 양념이 잘 어우러지게
도와준답니다. 전자레인지
버전으로 알려드리니 간편하게
만드세요.

→ 시금치볶음 95쪽

시금치 하면 대부분 무치거나 된장국에 넣는
정도로만 생각하시죠? 저도 어딘가에서
시금치볶음을 처음 먹고 깜짝 놀랐던 기억이
있어요. 그 맛을 구현했어요. 은은하게 풍기는
마늘향 덕분에 근사한 요리를 먹는 기분이지요.

→ **감자채볶음** 96쪽

식당에 가면 나오는 기본 밑반찬 중
살캉살캉한 감자채볶음이 꼭 있지요.
감자채 하나하나가 살아 있는 감자채볶음
레시피입니다. 감자를 먼저 찬물에 씻어
전분을 없애주는 과정이 감자채볶음의
차이를 만들어줘요. 이렇게 하면 볶을 때
쉽게 타지 않아요.

← **고추장 오징어채볶음** 97쪽

누구나 좋아하는 국민 반찬,
고추장 오징어채볶음이지요. 언젠가 반찬가게를
하면 1순위로 판매할, 저의 최애 레시피랍니다.
마요네즈로 1차 양념을 해서 훨씬 더 부드럽게
만들었어요.

→ **오이 양파피클** 98쪽

저의 필살기, 시원하고 개운한
피클 레시피입니다. 여름 오이는
겨울 오이와 달리 크기가 크고 훨씬
더 단단해서 피클로 만들기 제격이니
꼭 만들어보세요.

5가지 반찬 **장보기**

꽈리고추찜

☐ 꽈리고추 3줌(150g)
☐ 부침가루 1스푼
☐ 고춧가루 1스푼
☐ 다진 파 1스푼
☐ 다진 마늘 0.5스푼
☐ 참치한스푼 1스푼
   (또는 연두)
☐ 올리고당 0.5스푼
☐ 참기름 1스푼
☐ 통깨 0.5스푼

시금치볶음

☐ 시금치 1단(300g)
☐ 다진 마늘 1스푼
☐ 식용유 3스푼
☐ 참치한스푼 1스푼
   (또는 연두, 굴소스)
☐ 맛술 1스푼
☐ 통후추 간 것 약간

감자채볶음

☐ 감자 1과 1/2개(300g)
☐ 양파 1/4개(50g)
☐ 당근 약간
☐ 다진 마늘 0.5스푼
☐ 식용유 3스푼
☐ 참치한스푼 1스푼
   (또는 연두)
☐ 맛술 1스푼

고추장 오징어채볶음

☐ 오징어채 3줌(150g)
☐ 어슷 썬 풋고추 1개(생략 가능)
☐ 통깨 1스푼
☐ 맛술 2스푼
☐ 마요네즈 2스푼
☐ 고춧가루 1스푼
☐ 다진 마늘 1스푼
☐ 양조간장 1스푼
☐ 고추장 2스푼
☐ 올리고당 3스푼
☐ 물 5스푼

오이 양파피클

☐ 오이 3개(600g)
☐ 양파 1개(200g)
☐ 청양고추 2개
   (또는 풋고추)
☐ 레몬 1/2개(생략 가능)
☐ 설탕 1컵(150g)
☐ 물 1과 1/2컵(300㎖)
☐ 식초 1컵(200㎖)
☐ 피클링 스파이스 0.5스푼
   (생략 가능)
☐ 굵은소금 1스푼

꽈리고추찜

STEP **1** ── 꽈리고추 손질하기

STEP **2** ── 반죽 입히기

STEP **3** ── 꽈리고추 익히기

STEP **4** ── 양념, 꽈리고추 무치기

5가지 반찬 **한 번에 만들기**

시금치볶음	감자채볶음	고추장 오징어채볶음	오이 양파피클
시금치 손질하기	감자, 양파, 당근 썰기	오징어채 자르기	오이, 양파, 청양고추, 레몬 썰기
	헹군 후 체에 밭쳐 물기 없애기	1차 양념에 무치기	큰 볼에 재료 넣기
팬에 다진 마늘, 시금치 볶기	감자, 양파, 당근 볶기		배합초 끓이기
양념 넣어 볶기	양념 넣어 볶기	2차 양념 끓인 후 오징어채 볶기	재료, 배합초 섞기

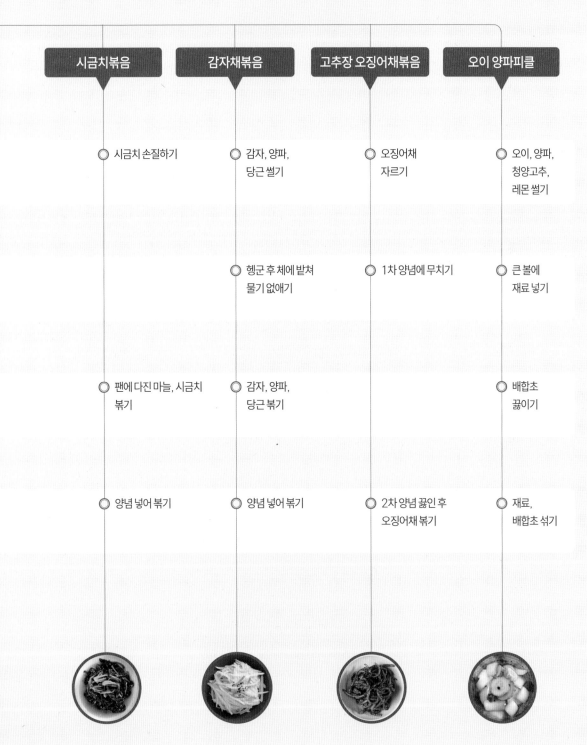

SET 8

꽈리고추찜

🍚 3~4인분 ｜ ⏱ 20분

• 꽈리고추 3줌(150g)
• 부침가루 1스푼

양념
• 고춧가루 1스푼
• 다진 파 1스푼
• 다진 마늘 0.5스푼
• 참치한스푼 1스푼
  (또는 연두)
• 올리고당 0.5스푼
• 참기름 1스푼
• 통깨 0.5스푼

TIP

김이 오른 찜통에 펼쳐 담은 후
뚜껑을 덮어 3~4분간 익혀도 좋아요.
평소 선호나는 조리법대로 하세요.
단, 익히는 중간에 물을 살짝 뿌려주면
날가루 없이 찔 수 있어요.

1 꽈리고추는 꼭지를 떼어낸 후 씻는다.

2 비닐백에 부침가루, 꽈리고추를 넣고
충분히 흔들어 꽈리고추에
옷을 입힌다.

3 꽈리고추를 전자레인지용 찜기에
넣는다.

4 손에 물을 살짝 묻힌 후 꽈리고추에
뿌린 다음 뚜껑을 덮는다.
전자레인지에서 3분간 돌린다.

5 날가루가 남아 있다면 섞어준 후
다시 1분씩 더 돌려가며 익힌 다음
식힌다.

6 볼에 양념 재료를 넣고 섞은 후
꽈리고추를 넣고 무친다.
  * 마지막에 참기름을 더 넣어도
    맛있어요.

SET **8**

시금치볶음

🍚 2~3인분 | ⏱ 15분

- 시금치 1단(300g)
- 다진 마늘 1스푼
- 식용유 3스푼

양념
- 참치한스푼 1스푼
  (또는 연두, 굴소스)
- 맛술 1스푼
- 통후추 간 것 약간

1

시금치는 물기를 완전히
없앤 후 가닥가닥
떼어낸다.

* 물기를 완전히 없애주는
  것이 중요해요.

2

달군 팬에 식용유, 다진
마늘을 넣고 중간 불에서
1분간 볶아 향을 낸다.

3

시금치를 넣고 센 불로
올려 1분간 볶는다.

4

약한 불로 줄인 후
참치한스푼, 맛술을 넣고
센 불로 올려 빠르게
볶는다. 통후추 간 것을
뿌린다.

SET 8

감자채볶음

🥣 2~3인분 | ⏱ 20분

- 감자 1과 1/2개(300g)
- 양파 1/4개(50g)
- 당근 약간
- 다진 마늘 0.5스푼
- 식용유 3스푼

양념
- 참치한스푼 1스푼
  (또는 연두)
- 맛술 1스푼

1 감자, 양파, 당근은 가늘게 채 썬다.

2 감자, 양파, 당근은 찬물에 2~3번 헹궈 감자의 전분, 양파의 매운맛을 없앤다.

3 체에 밭쳐 물기를 없앤다.

4 달군 팬에 식용유, 다진 마늘을 넣고 중간 불에서 1분간 볶아 향을 낸다.

5 감자, 양파, 당근을 넣고 감자가 거의 익을 때까지 4~5분간 볶는다.

6 참치한스푼, 맛술을 더한 후 감자가 다 익을 때까지 볶는다.

고추장 오징어채볶음

🥣 3~4인분 | ⏱ 20분

• 오징어채 3줌(150g)
• 어슷 썬 풋고추 1개(생략 가능)

1차 양념
• 통깨 1스푼
• 맛술 2스푼
• 마요네즈 2스푼

2차 양념
• 고춧가루 1스푼
• 다진 마늘 1스푼
• 양조간장 1스푼
• 고추장 2스푼
• 올리고당 3스푼
• 물 5스푼

1
오징어채는 먹기 좋은 크기로 자른다.

2
볼에 오징어채, 1차 양념을 넣고 조물조물 무친다.

3
팬에 2차 양념을 넣고 저어가며 중간 불에서 바글바글 끓인다.

4
끓어오르면 1차 양념한 오징어채를 넣고 양념에 조리듯이 2~3분간 볶는다. 마지막에 풋고추를 넣는다

SET 8

오이 양파피클

🍽 10~15인분 ┃ ⏱ 15분

- 오이 3개(600g)
- 양파 1개(200g)
- 청양고추 2개(또는 풋고추)
- 레몬 1/2개(생략 가능)

배합초
- 설탕 1컵(150g)
- 물 1과 1/2컵(300mℓ)
- 식초 1컵(200mℓ)
- 피클링 스파이스 0.5스푼(생략 가능)
- 굵은소금 1스푼

TIP

피클링 스파이스는 혼합 향신료의
일종이에요. 피클을 만들 때 주로
사용하는데요, 저장성을 높여주고
맛도 더 입체적으로 만들어줘요.
마트, 백화점, 인터넷에서 구입
가능해요.

1

오이는 송송 썰고, 양파는
비슷한 크기로 썬다.
청양고추는 송송 썬다.
레몬은 슬라이스한다.

2

큰 볼에 모든 재료를
넣는다

3

냄비에 배합초 재료를
넣고 센 불에서
끓어오르면 1분간 더
끓인다. * 설탕이 다
녹도록 잘 저어주세요.

4

배합초가 뜨거울 때
②에 붓는다. 중간중간
뒤적여가며 실온에서
3~4시간 둔다.
밀폐용기에 옮겨
담은 후 냉장 보관한다.
1일 정도 숙성시킨 후
먹는다.

오이, 양파 대신 다양한 채소를 활용해보세요.
무, 비트, 파프리카, 당근 등
냉장고 속 어떤 채소도 좋답니다.

재료 하나로
만드는
즉석 무침 & 부침개

고깃집 파채무침

고깃집에서 먹던 그 파채무침 레시피입니다. 대파를 직접 채 썰어도 좋지만 시판 대파채가 훨씬 더 얇아서 구입해서 만드는 것을 권해요. 대파채는 매운맛이 있으니 꼭 물에 헹구고, 얼음물에 담갔다가 사용하세요. 물기를 완전히 없애야 양념도 잘 배고, 싱겁지 않게 먹을 수 있어요.

2~3인분

10분

• 시판 대파채 100g

양념
• 참치한스푼 0.5스푼
  (또는 연두)
• 들기름 2스푼
• 통깨 0.5스푼

1 대파채는 찬물에 헹군다. 얼음물에 5분 정도 담가 아린 맛을 뺀다.

2 대파의 물기를 완전히 없앤다. 볼에 대파, 양념 재료를 넣고 무친다.

참나물생채

향이 좋은 참나물은 가벼운 양념에 무치는 게 좋아요.
이때 살살 버무려야 풋내가 나지 않는답니다. 바로 무쳐 먹으면
참나물의 향과 식감을 제대로 즐길 수 있고, 하루 저장하면
입에 짝 붙는 양념의 맛을 볼 수 있어요.

- 참나물 2줌(100g)

양념
- 고춧가루 1스푼
- 다진 마늘 0.3스푼
- 양조간장 1스푼
- 식초 1스푼
- 올리고당 1스푼
- 참기름 1스푼
- 통깨 0.5스푼

1

참나물은 씻어 물기를 없앤다.

2

한입 크기로 썬다.

3

볼에 양념 재료를 섞는다.

4

참나물에 양념을 조금씩 넣으며 살살 무친다.

TIP

참나물은 동량(100g)의
상추, 미나리, 깻잎, 샐러드채소 등으로
대체해도 좋아요.

오이고추
쌈장무침

벌게 없는데 참 맛있는 무침이 오이고추쌈장무침이에요.
오이고추를 쌈장에 찍어 먹으면 되지, 싶다가도 이렇게 만들면
반찬 하나가 더 추가되잖아요.
한 번 먹을 양만 딱 만들어 먹는 게 제일 맛있답니다.

- 오이고추 7개(100g)
- 고춧가루 약간(생략 가능)

양념
- 시판 쌈장 2스푼
- 다진 마늘 0.5스푼
- 올리고당 1스푼
  (기호에 따라 가감 또는 생략 가능)
- 참기름 1스푼
- 통깨 0.5스푼

1
오이고추는 송송 썬다.

2
볼에 양념 재료를 넣고
섞는다.

3
썰어둔 오이고추를 넣고
무친다. 그릇에 담고,
고춧가루를 뿌린다.

TIP

❶ 청정원 순창 양념듬뿍 쌈장을
사용했어요. 다른 쌈장을
사용할 경우 기호에 따라 간을
더하세요.

❷ 올리고당은 윤기를 내기 위해
조금 넣었어요. 쌈장에 단맛이
이미 추가되어있으므로 기호에 따라
가감 또는 생략 가능해요.

즉석 오이무침

냉장고에 오이 딱 1개가 남았을 때 만들기 좋은 즉석 오이무침입니다.
오이를 절이지 않고 바로 양념에 버무리기 때문에
오이 특유의 아삭하고 시원한 식감을 맛볼 수 있어요.
먹을 양만큼만 바로바로 무쳐 드세요!

2인분

10분

- 오이 1개(200g)

양념
- 고춧가루 0.5스푼
- 다진 마늘 0.3스푼
- 식초 1스푼
- 양조간장 0.5스푼
- 고추장 1스푼
- 올리고당 1스푼
- 참기름 0.5스푼
- 통깨 0.5스푼

1

오이는 칼로
돌기를 없앤다.
한입 크기로 썬다.

2

볼에 양념 재료를 넣고
섞는다.

3

썰어둔 오이를 넣고
무친다.

청포묵 김무침

하얀색의 청포묵은 이렇게 무쳐 먹어야 가장 맛있어요.
묵이 말랑하다면 그대로 사용하고, 아니라면 데치는 과정을 더해주세요.
단, 데친 청포묵을 물에 헹구면 양념이 묻지 않고 겉돌게 되므로
헹구지 마세요.

3~4인분

10분

- 청포묵 1모(300g)
- 조미 김가루 1줌

양념
- 다진 파 1스푼(또는 쪽파)
- 참치한스푼 1스푼(또는 연두)
- 참기름 1스푼
- 통깨 0.5스푼
- 후춧가루 약간

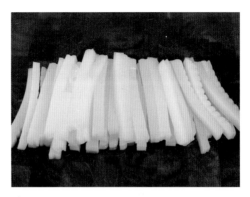

1

청포묵은 먹기 좋은
크기로 썬다.

* 물결 모양의 묵칼을
 사용하면 모양도 예쁘고,
 젓가락으로 잡기도 훨씬
 편해요.

2

끓는 물에 넣어 센 불에서
1분간 저어가며 데친다.

묵이 말랑하다면
데치는 과정을
생략해도 돼요.

3

체에 밭쳐 그대로 둬
자연스럽게 그대로
식힌다.

* 물에 헹구지 않고 그대로
 식혀야 완성 후에 물이
 생기지 않아요.

4

볼에 모든 재료를 넣고
살살 무친다.

팽이버섯 달걀전

팽이버섯전은 구웠을 때 모양새도 멋지지만 그 맛이 정말 훌륭해요.
젓가락으로 쭉쭉 찢어 먹는 재미도 있지요.
구울 때는 뒤집개로 꾹꾹 눌러가면서 만드세요.

2인분

20분

- 팽이버섯 1봉지(150g)
- 부침가루 약간
- 다진 홍고추 약간(생략 가능)
- 다진 파 약간(생략 가능)
- 식용유 넉넉하게

달걀 반죽
- 달걀 1개
- 맛술 0.5스푼
- 참기름 0.3스푼
- 소금 3꼬집

1 팽이버섯은 밑동을 잘라내고 넓게 펼친다.

2 팽이버섯 가닥가닥 사이에 부침가루를 뿌리고 살살 섞는다.

3 넓고 얕은 볼에 달걀 반죽 재료를 넣고 잘 풀어준다.

4 팽이버섯을 ③에 담가 앞뒤로 적신다.

5 달군 팬에 식용유를 넉넉하게 두르고 중간 불에서 팽이버섯을 펼쳐 올린다.

6 다진 홍고추, 다진 파를 올린 후 앞뒤로 뒤집어가며 꾹꾹 눌러가며 굽는다.

111

표고버섯전

바삭바삭한 식감 덕분에 튀김 같기도, 스낵 같기도 한 표고버섯전이에요.
바삭하게 부치기 위해서는 부침 반죽에 얼음 1~2개를 넣거나,
구울 때 식용유를 넉넉하게 두르는 것이 핵심이에요.

- 표고버섯 5~6개
- 식용유 넉넉하게

반죽
- 부침가루 1/2컵
- 참치한스푼 0.5스푼
  (또는 연두)
- 찬물 1/2컵(100㎖)

1

표고버섯은 밑동을 떼어낸 후
얇게 썬다.

2

큰 볼에 반죽 재료를 넣고
섞는다.

3

표고버섯을 넣고
반죽을 고루 입힌다.

4

달군 팬에 식용유를
넉넉하게 두른다.
표고버섯을 2~3개씩
겹쳐 올려 중간 불에서
앞뒤로 뒤집어가며
노릇하게 굽는다.

TIP

반죽에 얼음 1~2개를 넣고
완전히 녹인 후 구우면
훨씬 바삭하게 즐길 수 있어요.

검은깨 연근전

연근은 아삭한 식감과 고소함이 참 좋지요. 보통 연근을 데친 후 굽는 레시피를 주로 보았을 텐데요, 얇게 썰면 데치는 과정을 없애도 돼서 더 간편하답니다. 고추장아찌(88쪽)과 함께 먹으면 더 맛있어요.

2~3인분

20분

- 연근(손질한 것) 200g
- 식용유 넉넉하게

검은깨 반죽
- 검은깨 0.5스푼
- 부침가루 5스푼
- 참치한스푼 0.5스푼
  (또는 연두)
- 찬물 1/2컵(100㎖)

TIP

동근 모양의 연근은 암컷이고, 길쭉하고
가늘게 생긴 연근은 수컷이에요.
암컷은 쫄깃함이 있고, 수컷은
아삭한 식감이 더 강한 편이지요.
기호에 따라 선택하세요.

1

연근은 동그란 모양을
살려 얇게 썬다.

2

볼에 반죽 재료를 넣고
섞는다.

3

연근을 넣고 반죽을
입힌다.

4

달군 팬에 식용유를
넉넉히 두른다.
연근을 넣은 후
중간 불에서
앞뒤로 뒤집어가며
노릇하게 굽는다.

달걀 고추부침개

부침가루 없이 달걀만으로 만든 고추부침개예요.
재료가 고추, 대파, 달걀이 전부일 정도로 간단하지요.
고추가 애매하게 남았을 때 만들기 좋아요.

2~3인분

15분

- 풋고추 7개(70g)
- 홍고추 1/2개
- 송송 썬 대파 1줌
- 달걀 2개
- 맛술 0.5스푼
- 소금 3꼬집
- 식용유 넉넉하게

1 고추는 얇게 어슷 썬다.

2 대파는 분량만큼 송송 썬다.

3 볼에 고추, 대파, 달걀을 넣는다.

4 맛술, 소금을 넣고 섞는다.

5 달군 팬에 식용유를 넉넉하게 두른다.
반죽을 한입 크기로 평평하게 올린다.

6 중간 불에서 앞뒤로 뒤집어가며
노릇하게 굽는다.

부추부침개

가장 기본이 되는 부추부침개를 소개했어요. 오징어나 게맛살, 새우와 같은 재료를 추가로 넣어도 좋아요. 반죽에 찬물을 넣어 바삭함을 살렸고, 참치한스푼 덕분에 따로 양념장이 없어도 간이 잘 맞지요. 이 책에 소개한 양파채장아찌(68쪽), 오이 양파피클(98쪽)과 함께 먹어도 좋아요.

- 부추 200g(4줌)
- 양파 1/2개(100g)
- 당근 약간
- 청양고추 1개
- 홍고추 1/개
- 식용유 넉넉하게

반죽
- 부침가루 1컵
- 감자전분 2스푼
- 참치한스푼 1스푼
  (또는 연두)
- 찬물 1컵(200㎖)

1 부추는 4~5cm 길이로 썬다.

2 양파, 당근은 얇게 채 썰고,
  청양고추, 홍고추는 송송 썬다.

3 볼에 반죽 재료를 넣고 섞는다.

4 준비한 채소를 넣고 섞는다.

5 달군 팬에 식용유를 넉넉하게 두르고,
  반죽을 올려 평평하게 펼친다.

6 중간 불에서 앞뒤로 뒤집어가며
  노릇하게 굽는다. 같은 방법으로
  더 굽는다.

오징어채부침개

오징어채부침개는 특히 뜨거울 때 먹어야 맛있어요.
고추를 듬뿍 넣어 아삭한 식감을 살렸고, 대파를 더해 자칫 느끼할 수 있는
부침개에 개운한 맛과 달콤함을 더했습니다.

2~3인분

20분

- 오징어채 1과 1/2줌(70g)
- 청양고추 2개
- 홍고추 1/2개
- 송송 썬 대파 2줌
- 식용유 넉넉하게

반죽
- 부침가루 5스푼
- 찬물 1/2컵(100㎖)

1 오징어채는 2~3cm 길이로 작게 자른다. 고추는 송송 썰고, 대파 역시 분량만큼 송송 썬다.

2 큰 볼에 반죽 재료를 넣고 섞는다.

3 썰어둔 재료를 모두 넣고 섞는다.

4 달군 팬에 식용유를 넉넉하게 두른다. 반죽을 한입 크기로 평평하게 올린다.

5 중간 불에서 앞뒤로 뒤집어가며 노릇하게 굽는다.

CHAPTER

3

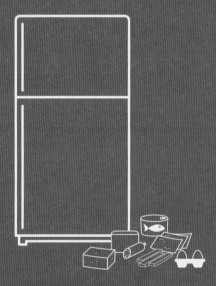

집에 늘 있는
6가지 재료로
반찬 다채롭게
만들기

달걀 | 참치 | 두부 | 어묵 | 햄 | 게맛살

세 가지 달걀찜

푸딩 달걀찜, 전자레인지 달걀찜, 뚝배기 달걀찜

2인분

25분

일식집에서 만날 수 있는 찰랑찰랑 푸딩 같은 달걀찜입니다.
참치한스푼과 맛술로 감칠맛을, 달걀을 체에 밭쳐 부드러운 식감을 냈어요.
따뜻할 때 먹어야 더 맛있어요.

푸딩 달걀찜

- 달걀 3개
- 참치한스푼 1스푼
  (또는 연두)
- 맛술 1스푼
- 물 1컵(200mℓ)

장식
- 송송 썬 쪽파 약간 (생략 가능)
- 채 썬 홍고추 약간 (생략 가능)

1 볼에 달걀, 참치한스푼, 맛술을 넣고
섞는다. 물을 넣고 한번 더 섞는다.

2 체에 밭쳐 알끈과 거품을 제거한다.

3 작은 그릇(또는 종지)에 나눠 붓는다.

4 랩을 씌운다.

5 김이 오른 찜기에 넣고 뚜껑을 덮어
센 불에서 12~15분간 찐다.

6 쪽파, 홍고추로 장식한다.

TIP

생새우살, 게맛살 등의 재료를
더해도 좋아요.

달걀찜의 가장 쉬운 버전,
바로 전자레인지를 이용하는 거예요.
불을 쓰지 않아도 되어서 더운 여름에 딱이지요.

전자레인지 달걀찜

- 달걀 4개
- 송송 썬 대파 1줌
- 물 1컵(200mℓ)

양념
- 참치한스푼 1스푼
  (또는 연두)
- 맛술 1스푼
- 참기름 약간

1

볼에 달걀을 넣는다.

2

양념, 송송 썬 대파를
넣고 섞는다.

3

물을 넣고 한번 더
섞는다.

4

전자레인지 용기에 옮겨
담고 뚜껑을 덮는다.
전자레인지에서 5분간
익힌다. 젓가락으로
찔렀을 때 달걀물이
묻어나면 1분씩 더
돌려가며 완전히 익힌다.

2인분

15분

뚝배기 가득 봉긋 올라온 달걀찜! 만들어보고 싶지 않으세요? 방법을 알려드릴게요. 다만, 사용하는 뚝배기, 불 세기 등에 따라 조금씩 차이가 있으니 자주 만들어 보는 것이 제일 중요해요. 많이 만들다 보면 감이 생기게 되지요.

뚝배기 달걀찜

- 달걀 3개
- 송송 썬 대파 약간
- 물 2/3컵(약 140㎖)
- 참치한스푼 1스푼
  (또는 연두)
- 맛술 1스푼
- 참기름 약간
- 후춧가루 약간

1 볼에 달걀을 넣고 풀어준다. 뚝배기에 물, 참치한스푼, 맛술을 넣고 중간 불에서 끓인다.

2 끓어오르면 달걀을 저어가며 넣는다.

3 달걀이 눌어붙지 않도록 바닥을 긁어가며 숟가락으로 저어준다.

4 달걀이 몽글몽글해지면 가장 약한 불로 줄인 후 뚜껑을 덮고 2~4분간 거의 익힌다.

5 대파, 참기름, 후춧가루를 넣고 뚜껑을 덮어 완전히 익힌다.

TIP

저는 뚝배기 달걀찜을 하이라이트로 주로 만들어요. 달걀 푼 것을 넣고 저어가는 과정을 한 다음 뚜껑을 덮고 불을 꺼주면 남은 잔열로 익으면서 먹음직스럽게 부풀거든요. 따로 불 조절을 하지 않아서 편하지요.

대파마요 왕달걀말이

2~3인분

15분

- 달걀 5개
- 굵게 다진 대파 2줌
- 식용유 넉넉하게

양념
- 마요네즈 2스푼
- 참치한스푼 1스푼
  (또는 연두)
- 맛술 1스푼

가장 기본이 되는 달걀말이예요. 생각보다 꽤 많은 양이 들어가는
대파 덕분에 개운함을, 그리고 마요네즈로 부드러움을 추가했어요.
작은 차이로 명품 달걀말이를 만들 수 있답니다.

1   대파는 분량만큼 굵게 다진다.

2   볼에 달걀, 대파, 양념을 넣고 섞는다.

3   달군 팬에 식용유를 두르고
    중약 불에서 달걀물 적당량을 넣어
    얇게 펼친다.

4   80% 정도 익으면 돌돌 말아준 후
    팬의 끝으로 밀어둔다.

5   달걀물을 붓고 돌돌 마는
    과정 ③~④를 반복한다.

6   한 김 식힌 후 먹기 좋은 크기로 썬다.

5~6인분

20분

달걀볶이라는 메뉴명이 생소하죠? 쉽게 말해 떡 대신 달걀로 만든 떡볶이라고 보면 돼요. 탄수화물 대신 단백질을 듬뿍 넣은 덕분에 다이어터에게도 좋고, 밥반찬으로두 어울린답니다.

- 삶은 달걀 10개
- 사각어묵 3장(150g)
- 송송 썬 풋고추 1개
- 송송 썬 대파 1줌

양념
- 고춧가루 2스푼
- 양조간장 5스푼
- 참치진국 2스푼
  (또는 굴소스 1스푼)
- 맛술 2스푼
- 고추장 1스푼
- 올리고당 3스푼
- 물 2컵(400㎖)

TIP

달걀을 삶을 때 소금과 식초를 넣으면 삶는 도중 달걀이 깨지지 않고, 나중에 껍질도 잘 벗겨져요.

1

어묵은 한입 크기로 썬다.

2

냄비에 양념 재료를 넣고 센 불에서 끓인다.

3

양념이 끓어오르면 삶은 달걀, 어묵을 넣고 양념이 잘 배도록 센 불에서 5~8분간 끓인다.

4

송송 썬 풋고추, 대파를 넣는다.

달걀프라이 케첩조림

달걀프라이는 어떻게 먹어도 맛있지만 특별하게 케첩 소스에 조려보세요. 느끼하지 않고 상큼해서 반찬으로 제격이지요. 따뜻한 밥에 올려 덮밥으로 즐겨도 좋아요. 넉넉한 양의 식용유에 달걀을 튀기듯이 프라이하는 게 포인트랍니다.

- 달걀 3~4개
- 송송 썬 대파 1줌
- 송송 썬 풋고추 1/2개
- 식용유 4스푼
- 통깨 약간

양념
- 물 5스푼
- 토마토케첩 3스푼
- 돈가스소스 2스푼
  (또는 스테이크소스)
- 올리고당 2스푼

1

달군 팬에 식용유를 두르고 달걀을 깨 넣는다. 중강 불에서 튀기듯이 달걀프라이를 만든 후 덜어둔다.

2

달걀프라이를 만든 팬에 양념 재료를 넣고 센 불에서 끓인다.

3

끓어오르면 달걀프라이를 넣고 중간 불에서 양념을 끼얹어가며 빠르게 조린다.

4

송송 썬 대파, 풋고추를 넣고 한 번 끓인 후 그릇에 담고 통깨를 뿌린다.

참치

비빔참치

2~3인분

20분

통조림 참치가 귀했던 어린 시절, 친정 엄마는 참치에 채소를 많이 넣어 '비빔참치'를 해주셨어요. 채소에 비해 참치 양이 적었지만 당시에는 어찌나 맛있던지. 그 맛을 잊지 못해 지금도 종종 만들어요. 따뜻한 밥에 올려 비빔밥으로 즐겨도 좋고, 넉넉하게 만들어 보관해두면 비상 반찬으로 아주 든든하답니다.

- 통조림 참치 1개(135g)
- 감자 1개(200g)
- 양파 1/2개(100g)
- 당근 약간
- 송송 썬 대파 1줌
- 풋고추 2개
- 식용유 1스푼
- 참기름 1스푼
- 통깨 약간

양념
- 다진 마늘 1스푼
- 양조간장 1스푼
- 맛술 2스푼
- 고추장 2스푼
- 토마토케첩 1스푼
- 올리고당 2스푼

1 감자, 양파, 당근은 굵게 다지고,
풋고추는 송송 썰고,
대파도 분량만큼 송송 썬다.
통조림 참치는 기름을 없앤다.

2 볼에 양념 재료를 넣고 섞는다.

3 달군 팬에 식용유를 두르고 감자,
양파, 당근, 대파, 풋고추를 넣어
감자가 투명해질 때까지
중간 불에서 5~8분간 볶는다.

4 양념을 넣고 2~3 분간 볶는다.

5 참치를 넣고 1~2분간 저어가며
익힌 후 참기름, 통깨를 넣는다.

TIP

감자, 양파, 당근은 양배추, 고구마 등의 채소로 대체해도 좋아요, 단, 총량이 300g이 되도록 하세요.

참치

고추참치쌈장 & 양배추찜

쌈밥 좋아하시는 분이라면 주목! 고추참치를 활용해서 쌈장을 만들었어요. 고추참치만으로도 맛있지만 여기에 생고추를 듬뿍 넣고, 시판 쌈장으로 감칠맛을 더했답니다. 찐 양배추에 밥 한 숟가락, 고추참치쌈장 듬뿍이면 다른 반찬이 필요 없지요.

• 양배추 1/2통(600g)

고추참치쌈장
• 통조림 고추참치 1개(135g)
• 굵게 다진 대파 1줌
• 청양고추 2개
• 홍고추 1/2개
• 시판 쌈장 7스푼
• 참기름 1스푼
• 통깨 0.5스푼

1
청양고추, 홍고추는 잘게 다진다. 대파는 분량만큼 굵게 다진다.

2
볼에 모든 재료를 넣고 섞어 고추참치쌈장을 만든다.

3
양배추는 손바닥 크기로 썬다.

4
김이 오른 찜기나 전자레인지 용기에 넣고 4~5분간 찐다. 그릇에 양배추찜, 고추참치쌈장을 함께 담는다.

＊ 익히는 시간은 취향에 따라 조절해도 좋아요.

참치

참치 무조림

138

3~4인분

30분

무가 맛있는 계절이면 꼭 만드는 무조림! 고등어나 삼치를 넣는 게
가장 일반적인 레시피이지만 저는 간편하게 통조림 참치를 더했어요.
참치 무조림은 바로 먹는 것보다 냉장고에 넣었다가 차게 즐기는 걸
추천합니다.

- 통조림 참치 1개(135g)
- 무 1토막(500g)
- 송송 썬 대파 1줌
- 풋고추 1개
- 홍고추 1/2개
- 통깨 약간

양념
- 고춧가루 1스푼
- 다진 마늘 1스푼
- 양조간장 3스푼
- 맛술 3스푼
- 참치진국 2스푼
  (또는 굴소스 1스푼)
- 올리고당 2스푼
- 참기름 1스푼(또는 들기름)
- 물 1컵(200㎖)

1 무는 1.5cm 두께로 큼직하게 썬다.

2 대파는 분량만큼 송송 썰고,
풋고추, 홍고추도 송송 썬다.

3 볼에 양념 재료를 넣고 섞는다.

4 깊은 팬에 무, 통조림 참치, 양념을
넣는다.

뚜껑을 덮고
조려야 무가 속까지
푹 익어요. 젓가락으로
무를 찔러 잘 익었나
확인하세요.

5 뚜껑을 덮고 중간 불에서 20분 이상
푹 끓인다. 이때, 바닥에 눌어붙지
않도록 중간중간 냄비를 흔든다.

6 대파, 고추, 통깨를 넣는다.

참치동그랑땡

제가 어릴 적에 친정 엄마가 자주 해주셨던 도시락 반찬이에요.
통조림 참치에 채소, 달걀을 듬뿍 넣고 기름에 지글지글 구워 주셨었죠.
달걀을 넉넉하게 넣은 덕분에 촉촉함이 많이 느껴진답니다.

- 통조림 참치 1개(135g)
- 양파 1/2개(100g)
- 당근 약간
- 풋고추 1개
- 송송 썬 대파 1줌
- 식용유 넉넉하게

반죽
- 달걀 2개
- 부침가루 2스푼
- 참치한스푼 1스푼
  (또는 연두)
- 후춧가루 약간

1
양파, 당근, 풋고추를
잘게 다진다.
통조림 참치는 기름을
없앤다.

2
볼에 ①의 채소, 송송 썬
대파, 참치, 반죽 재료를
모두 넣고 섞는다.

3
달군 팬에 식용유를
넉넉하게 두른다.
반죽을 올려 평평하게
펼친 후 중간 불에서
앞뒤로 뒤집어가며
노릇하게 굽는다.

두부

두부김치

2~3인분

20분

담백한 두부와 새콤하게 볶은 김치를 함께 먹는 두부김치.
반찬이기도 하지만 술안주로도 잘 어울리지요.
김치는 꼭 신김치로 활용하세요.

- 두부 1모(300g)
- 신김치 2컵(국물 포함, 300g)
- 송송 썬 대파 1줌
- 송송 썬 고추 1개
- 검은깨 약간
- 식용유 2스푼

양념
- 고춧가루 0.5스푼
- 맛술 1스푼
- 올리고당 1스푼
- 참기름 1스푼
- 통깨 0.5스푼

1 큰 냄비에 두부, 잠길 만큼의 물을
   넣고 두부 속까지 따뜻해지도록
   센 불에서 10분간 끓인다.

2 데운 두부는 한 김 식힌 후
   큼직하게 썬다.

3 신김치는 한입 크기로 썬다.

4 달군 팬에 식용유를 두르고 신김치를
   넣어 중간 불에서 2~3분간 볶는다.

5 양념, 송송 썬 대파, 고추를 넣고
   2~3분간 볶는다.

6 그릇에 두부, 김치볶음을 담고,
   검은깨를 뿌린다.

두부

달걀 두부부침

3~4인분

20분

기사식당에 가면 꼭 나오는 반찬 중에 빠질 수 없는 게 바로 달걀을 입힌 두부부침이지요. 두부와 달걀의 만남이니 진정한 단백질 폭탄 반찬이 아닐까 싶네요. 김치나 장아찌와 함께 먹으면 더 맛있어요.

- 두부 1모(큰 것, 500g)
- 부침가루 2스푼
- 식용유 넉넉하게

달걀 반죽
- 달걀 2개
- 다진 파 2스푼
- 참치한스푼 1 스푼
  (또는 연두)
- 후춧가루 약간

1 두부는 한입 크기로 도톰하게 썬다.

2 볼에 달걀 반죽 재료를 섞는다.

3 두부에 부침가루를 묻힌다.

4 달걀 반죽에 두부를 넣고 살살 입힌다.

5 달군 팬에 식용유를 두르고 숟가락으로 두부를 떠서 올린 후 중간 불에서 앞뒤로 뒤집어가며 노릇하게 굽는다.

6 체에 펼쳐 올려 한 김 식힌다.

두부

두부조림

팬 하나로 만드는 국민반찬 두부조림입니다. 번거로운 과정 없이 두부를
익히고, 양념을 부어 푹 조리기만 하면 돼요. 바로 먹어도 좋지만
밀폐용기에 담았다가 조금씩 꺼내 먹으면 든든한 밑반찬이 된답니다.

- 두부 1모(큰 것, 500g)
- 식용유 2스푼
- 물 1/4컵(50㎖)

양념
- 고춧가루 1스푼
- 다진 마늘 0.5스푼
- 다진 파 3스푼
- 양조간장 2스푼
- 참치진국 1스푼
  (또는 굴소스 0.5스푼)
- 맛술 1스푼
- 올리고당 1스푼
- 참기름 1스푼

1 볼에 양념 재료를 섞는다.

2 두부는 먹기 좋은 크기로 도톰하게
썬다.

3 키친타월에 두부를 올려 살살 눌러
물기를 없앤다.

4 달군 팬에 식용유를 두르고
두부를 넣어 중간 불에서
뒤집어가며 노릇하게 굽는다.

5 두부에 양념을 펼쳐 올린다.
양념이 담겼던 볼에 물을 붓고
다시 두부가 담긴 팬에 넣는다.

6 중간 불에서 3~4분간
중간중간 팬을 흔들어가며
양념이 자작하게 남을 때까지 조린다.

두부

마파두부

2~3인분

20분

중식당에서 만날 수 있는 마파두부를 소개합니다. 두부 1모에 다진 돼지고기만 있으면 뚝딱 만들 수 있는 쉬운 레시피예요. 밥에 넉넉하게 올려 싹싹 비비면 맛있는 마파두부 덮밥이 된답니다.

- 두부 1모(300g)
- 다진 돼지고기 100g
- 송송 썬 대파 1줌
- 식용유 1스푼
- 물 1컵(200㎖)
- 통깨 약간

돼지고기 양념
- 고춧가루 1스푼
- 다진 마늘 1스푼
- 양조간장 3스푼
  (또는 참치진국)
- 맛술 2스푼
- 고추장 1스푼
- 올리고당 1스푼
- 참기름 1스푼
- 후춧가루 약간

녹말물
- 감자전분 0.5스푼
- 물 2스푼

1 볼에 다진 돼지고기,
  돼지고기 양념 재료를 넣고 섞는다.

2 두부는 한입 크기로 깍둑 썬다.

3 볼에 녹말물 재료를 넣고 섞는다.

4 깊은 팬에 식용유를 두르고 양념한
  다진 돼지고기를 넣어 중간 불에서
  3~4분간 볶아 완전히 익힌다.

녹말물은
넣기 전에 한번 더
섞으세요.

5 두부, 물(1컵)을 넣고 센 불에서
  끓어오르면 중약 불로 줄인다.
  녹말물을 조금씩 넣으며
  엉기는 농도가 되도록 만든다.

6 송송 썬 대파, 통깨를 넣고 한번 더
  끓인다.
  * 두부가 으깨지지 않도록
    살살 저어주세요.

TIP

양조간장 대신 참치진국으로 넣으면
더 맛있어요. 또는 양조간장을
2스푼으로 줄이고, 분말육수1봉지를
넣으면 맛이 훨씬 깊어져요.

두부

두부강정

2인분

30분

토마토케첩과 고추장을 넣어 새콤하면서도 매콤한 강정 소스를
노릇하게 구운 두부에 입혔어요.
착한 가격의 두부가 고급스러운 요리로 탄생하게 되지요.

- 두부 1모(300g)
- 소금 약간
- 후춧가루 약간
- 감자전분 5스푼
- 통깨 약간
- 송송 썬 쪽파 약간(또는 대파)
- 식용유 3스푼

강정 소스
- 양조간장 1스푼
- 고추장 1스푼
- 토마토케첩 1스푼
- 올리고당 3스푼
- 참기름 약간

1 두부는 한입 크기로 깍둑 썬 후
   소금, 후춧가루를 뿌린다.

2 두부에 감자전분을 묻힌다.

두부끼리
잘 붙으니
주의하세요.

3 달군 팬에 식용유를 두르고 두부를
   넣는다. 중강 불에서 사방으로 돌려가며
   노릇하게 구운 후 덜어둔다.

4 팬에 강정 소스 재료를 넣고
   센 불에서 끓인다.

5 끓어오르면 구운 두부를 넣고
   버무린다.

6 통깨, 송송 썬 쪽파를 올린다.

두부

두부장아찌

3~4인분

⏱ 20분

두부로 장아찌를 만든다고? 처음에는 다들 생소해하지만, 한번 맛보면
잊을 수 없는 맛이에요. 짜지 않아 더 좋지요.
밥에 조림장과 두부를 듬뿍 올려 쓱쓱 비벼 먹어보세요.

- 두부 1모(큰 것, 500g)

절임장
- 생수 1/2컵(100㎖)
- 다진 파 1스푼
- 다진 풋고추 1스푼
- 다진 홍고추 1스푼
- 다진 마늘 0.5스푼
- 양조간장 4스푼
- 맛술 2스푼
- 참치진국 1스푼
  (또는 굴소스 0.5스푼)
- 올리고당 5스푼
- 참기름 1스푼
- 통깨 약간

1
큰 냄비에 두부,
잠길 만큼의 물을
넣고 두부 속까지
따뜻해지도록
센 불에서
10분간 끓인다.

2
볼에 절임장 재료를 넣고
섞는다.

3
데운 두부는 한 김 식힌 후
큼직하게 썬다.

4
밀폐용기에 두부를
세워서 담고 절임장을
붓는다. 실온에
3~4시간 두었다가
먹는다.

TIP
두부를 한 김 식힌 후 절임장에 담아야
쉽게 상하지 않아요.

어묵

고추기름 어묵볶음

고춧가루를 양념에 더하는 일반적인 조리법이 아닌
바로 만든 고추기름에 어묵을 볶았어요.
덕분에 맛은 더 깔끔하고, 모양 역시 먹음직스러워 보이지요.

- 사각어묵 4장(200g)
- 양파 1/4개(50g)
- 송송 썬 대파 1줌
- 참기름 0.5스푼
- 통깨 0.5스푼

고추기름
- 고춧가루 1스푼
- 식용유 3스푼

양념
- 다진 마늘 0.5스푼
- 양조간장 2스푼
- 맛술 2스푼
- 올리고당 2스푼

1 팬에 식용유를 넣고 중간 불에서
따뜻해질 정도로 끓인다.

2 고춧가루가 담긴 볼에 식용유를 붓는다.
* 처음에 고춧가루가 살짝 부풀다가
거품이 사그라들면서 고추기름이
완성돼요.

3 어묵은 한입 크기로 썰고,
양파는 채 썬다.

4 팬에 양념 재료를 넣고 끓어오르면
어묵, 양파를 넣고 중간 불에서
3~4분간 볶는다.

5 ②의 고추기름을 넣고
1~2분간 볶는다.

6 대파, 참기름, 통깨를 넣고
한 번 더 볶는다.

어묵 버섯볶음

2인분

20분

어묵과 버섯을 듬뿍 넣어 잡채처럼 만든 볶음 반찬이에요.
재료를 모두 길고 가늘게 썰어야 보기도 좋고,
맛도 잘 어울린답니다.

- 사각어묵 2장(100g)
- 애느타리버섯 1팩
  (또는 새송이버섯, 200g)
- 양파 1/4개(50g)
- 송송 썬 대파 1줌
- 청양고추 1개
- 홍고추 1개
- 통깨 약간
- 후춧가루 약간
- 식용유 1스푼

양념
- 다진 마늘 0.5스푼
- 양조간장 3스푼
- 맛술 2스푼
- 올리고당 2스푼
- 참기름 0.5스푼

1 어묵, 양파는 가늘게 채 썰고, 버섯은
   밑동을 잘라낸 후 가닥가닥 떼어낸다.
   고추는 송송 썬다.

2 작은 볼에 양념 재료를 섞는다.

3 달군 팬에 식용유를 두르고 어묵,
   버섯, 양파를 넣고 중간 불에서
   3~4분간 볶는다.

4 양념을 넣고 2분간 양념이 바짝
   없어질 때까지 볶는다.

5 대파, 고추, 통깨, 후춧가루를 넣는다.

어묵

원팬 어묵잡채

2~3인분

20분
(+ 당면 불리기 1시간)

- 당면 100g(불리기 전)
- 사각어묵 3~4장
- 양파 1/4개(50g)
- 당근 약간(생략 가능)
- 청양고추 2개(생략 가능)
- 통깨 약간
- 후춧가루 약간
- 식용유 2스푼

양념
- 설탕 1스푼
- 다진 마늘 0.5스푼
- 양조간장 2스푼
- 참치진국 2스푼
  (또는 굴소스 1스푼)
- 맛술 2스푼
- 올리고당 1스푼
- 참기름 2스푼

잡채는 어려운 요리라고 많이들 생각하는데요, 팬 하나로 만드는
간단한 레시피를 소개할게요. 어묵은 필수! 나머지는 어떤 재료를 사용해도
무관해요. 아이들과 함께 먹을 때는 청양고추를 생략하세요.
따뜻할 때 먹어야 더 맛있답니다.

1   당면은 미지근한 물에 담가
     1시간 정도 충분히 불린다.

2   사각어묵, 양파, 당근은 채 썰고,
     고추는 송송 썬다.

3   볼에 양념 재료를 넣고 섞는다.

4   달군 팬에 식용유를 두르고
     ②의 어묵과 채소를 넣고
     중간 불에서 2~3분간 볶는다.

5   불린 당면을 넣고 재료들과
     섞이도록 중간 불에서 2~3분간
     볶는다.

6   양념을 넣고 1~2분간 볶은 후
     마지막에 통깨, 후춧가루를 더한다.

어묵

어묵 고추전

쫄깃한 어묵과 개운한 고추를 더한 전이에요. 어묵으로 전을 만드는 게
다소 생소할 수 있지만 정말 맛있답니다. 반찬으로도 좋고,
맵지 않은 고추를 넣으면 아이들 간식으로도 추천해요.

- 사각어묵 2장(100g)
- 풋고추 4개(또는 청양고추)
- 달걀 2개
- 식용유 넉넉하게

양념
- 맛술 1스푼
- 참치한스푼 0.5스푼
  (또는 연두, 소금 2꼬집)
- 참기름 0.3스푼

1
어묵은 2등분한 후
가늘게 채 썰고,
풋고추는 어슷 썬다.

2
볼에 어묵, 풋고추, 달걀,
양념 재료를 넣고 섞는다.

3
달군 팬에 식용유를
넉넉하게 두른다.
반죽을 올려 평평하게
펼친다.

4
중간 불에서
앞뒤로 뒤집어가며
노릇하게 굽는다.

어묵 김치지짐

개운하고 칼칼한 어묵 김치지짐은 저에게는 추억의 요리예요.
한 냄비 끓이면 밥 한 그릇은 뚝딱 해치울 정도이지요.
어묵에 밴 새콤한 양념과 김치의 맛이 매력적이랍니다.

- 사각어묵 3장(150g)
- 신김치 1컵(150g)
- 양파 1/4개(50g)
- 다진 파 1줌(또는 쪽파)
- 고춧가루 0.5스푼
- 물 1컵(200mℓ)
- 식용유 1스푼

양념
- 설탕 0.5스푼
- 참치한스푼 1스푼
  (또는 연두)

1

양파는 채 썰고,
어묵, 신김치는
한입 크기로 썬다.

2

냄비에 식용유를 두르고
신김치를 넣어
중간 불에서 2~3분간
볶는다.

3

어묵, 양파, 물(1컵),
양념을 넣은 후 뚜껑을
덮고 4~5분간 푹
익힌다.

4

다진 파,
고춧가루를 더한다.

비빔스팸

2~3인분

30분

아이들이 정말 좋아하는 반찬이에요. 사각캔 햄을 채소와 함께 먹일 수 있어 엄마 마음도 좀 더 안심된달까요? 넉넉하게 만들어 밀폐용기에 담아두면 주먹밥, 덮밥, 비빔밥 등 다양하게 활용 가능해요. 고소한 달걀프라이와 특히 잘 어울려요.

- 사각캔 햄 1개
  (스팸이나 리챔 작은 것, 200g)
- 새송이버섯 2개
  (또는 다른 버섯, 160g)
- 양파 1/2개(100g)
- 다진 마늘 1스푼
- 송송 썬 대파 2줌
- 송송 썬 청양고추 2개
  (생략 가능)
- 참기름 1스푼
- 통깨 0.5스푼
- 식용유 1스푼

양념
- 고춧가루 1스푼
- 양조간장 2스푼
- 맛술 2스푼
- 고추장 1스푼
- 올리고당 2스푼

1 사각캔 햄은 한입 크기로 썬다.

2 새송이버섯, 양파는
  사각캔 햄과 비슷한 크기로 썬다.

3 달군 팬에 식용유를 두르고
  다진 마늘을 넣어 중간 불에서
  1분간 볶아 향을 낸다.

4 사각캔 햄, 새송이버섯, 양파를 넣고
  4~5분간 양파가 투명해질 때까지
  볶는다.

5 양념 재료를 넣고 2~3분간 볶는다.

6 송송 썬 대파, 청양고추,
  참기름, 통깨를 넣는다.

햄

햄 양파볶음

2~3인분

20분

사각캔 햄을 양파와 함께 볶으면 좀 더 반찬스럽게 탄생해요. 다진 마늘, 대파를
먼저 볶은 식용유에 햄을 구워서 특유의 냄새도 잡았고,
양파의 달큼한 맛이 햄의 느끼함도 줄여준답니다.

- 사각캔 햄 1개
  (스팸이나 리챔 작은 것, 200g)
- 양파 1/2개(100g)
- 송송 썬 대파 1줌
- 송송 썬 청양고추 1개
- 다진 마늘 0.5스푼
- 식용유 1스푼

양념
- 참치한스푼 1스푼(또는 연두)
- 맛술 1스푼
- 올리고당 1스푼
- 참기름 1스푼
- 통깨 0.5스푼
- 통후추 간 것 약간

1
사각캔 햄은 한입 크기로
썬다. 양파는 채 썬다.

2
달군 팬에 식용유를
두르고 송송 썬 대파,
다진 마늘을 넣어
중간 불에서 1분간
대파가 나른해질 때까지
볶는다.

3
사각캔 햄을 넣고
앞뒤로 뒤집어가며
노릇하게 굽는다.

4
양파, 청양고추를 넣고
2분, 약한 불로 줄여
양념을 넣고 다시
중간 불로 올려
1~2분간 볶는다.

햄

햄 감자짜글이

다른 반찬 필요 없이 하나면 충분한 햄 감자짜글이입니다. 찌개 같기도 하고,
조림 같기도 해서 목 막힘 없이 밥 한 그릇을 맛있게 먹을 수 있지요.
사각캔 햄 특유의 냄새를 없애려고 다진 마늘과 맛술에 먼저 볶은 것이 포인트!
포슬포슬한 감자와 짭조름한 사각캔 햄의 궁합이 최고예요.

- 사각캔 햄 1개
  (스팸이나 리챔 작은 것, 200g)
- 감자 1과 1/2개(300g)
- 양파 1/2개(100g)
- 송송 썬 청양고추 1개
- 송송 썬 대파 1줌
- 후춧가루 약간

1차 양념
- 다진 마늘 1스푼
- 맛술 3스푼

2차 양념
- 고춧가루 2스푼
- 양조간장 3스푼
- 고추장 1스푼
- 된장 0.5스푼
- 분말육수 1봉지
  (또는 참치한스푼이나 연두 1스푼)
- 물 2컵(400㎖)

1 감자는 한입 크기로 썰고,
양파는 굵게 채 썬다.

2 사각캔 햄은 비닐백에 넣고 눌러서
으깬다. 2차 양념 재료를 섞어둔다.

3 달군 팬에 사각캔 햄, 1차 양념을
넣고 중간 불에서 2분간 볶는다.

4 감자, 양파, 2차 양념을 넣고
센 불로 올려 감자를 완전히 익힌다.
이때, 바닥에 눌어붙지 않도록
중간중간 저어준다.

5 청양고추, 대파, 후춧가루를 넣는다.

분홍소시지 치즈부침개

2~3인분

20분

추억의 분홍소시지를 더 맛있게 먹을 수 있도록 레시피를 개발했어요.
모짜렐라치즈를 함께 넣은 달걀에 부치는 것이 핵심이랍니다.
분홍소시지가 으깨지지 않도록 살살 버무린 후 구워주세요.

- 분홍소시지 300g
- 달걀 3개
- 모짜렐라치즈 1컵(100g)
- 송송 썬 대파(푸른 부분) 1줌
- 허브맛소금 약간
  (또는 소금 약간 + 후춧가루 약간)
- 식용유 넉넉하게

1 분홍소시지는 굵게 채 썬다.

2 대파는 분량만큼 송송 썬다.

3 볼에 달걀, 모짜렐라치즈,
   대파를 넣고 섞는다.

4 분홍소시지, 허브맛소금을 넣고
   살살 섞는다.

TIP

모짜렐라치즈는 체다 슬라이스치즈
2~3장으로 대체해도 좋아요.

5 달군 팬에 식용유를 넉넉하게 두른다.
   반죽을 올려 평평하게 펼친 후
   중간 불에서 앞뒤로 뒤집어가며
   노릇하게 굽는다.

게맛살

게맛살냉채

2~3인분

10분

마치 해파리냉채처럼 즐기는 게맛살냉채입니다.
불을 안 쓰고 만들 수 있어서 더운 여름에 특히 추천하지요.
재료를 손질한 후 냉채 소스에 버무리면 끝! 차게 먹어야 더 맛있어요.

- 크래미 1봉지(또는 게맛살, 150g)
- 양파 1/2개(100g)
- 풋고추 1개

냉채 소스
- 다진 마늘 1스푼
- 설탕 0.5스푼
- 소금 0.3스푼
- 식초 2스푼
- 홀그레인 머스터드 0.5스푼
  (생략 가능)
- 올리고당 1스푼
- 참기름 1스푼
- 후춧가루 약간

1

크래미는 가늘게 찢는다.

2

양파는 가늘게 채 썰고,
풋고추는 어슷 썬다.

3

큰 볼에 냉채 소스 재료를
넣고 섞는다.

4

크래미, 양파, 고추를
모두 넣고 버무린다.

게맛살 대파부침개

2~3인분

20분

이 부침개를 만들면 항상 폭발적인 반응이 오곤해요.
다들 뭐가 이렇게 맛있냐고 이야기하지요. 부침개이지만 부침가루나
밀가루 없이 만들어 더욱 맛있답니다. 명절에 만들어도 좋아요.

- 크래미 1봉지
  (또는 게맛살, 150g)
- 송송 썬 대파 1줌
- 청양고추 3개(또는 풋고추)
- 어슷 썬 홍고추 약간
- 달걀 2~3개
- 식용유 넉넉하게

양념
- 참치한스푼 1스푼
  (또는 연두)
- 맛술 1스푼
- 후춧가루 약간
- 참기름 0.5스푼

1   청양고추는 송송 썬다.

2   크래미는 가늘게 찢는다.

3   볼에 크래미, 대파, 청양고추,
      홍고추를 섞는다.

4   달걀, 양념을 넣고 섞는다.

5   달군 팬에 식용유를 넉넉하게 두른다.
      반죽을 올려 평평하게 펼친다.

6   중간 불에서 앞뒤로 뒤집어가며
      노릇하게 굽는다.

CHAPTER

4

푸짐함, 가성비 끝판왕! 고기, 해물 반찬 손쉽게 만들기

닭고기

통깨 소스 닭가슴살 오이냉채

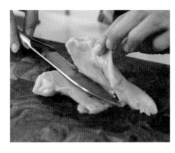

2~3인분

25분

퍽퍽한 닭가슴살을 맛있고, 폼 나게 먹는 가장 좋은 방법은 냉채예요.
부드럽고 촉촉한 통깨 소스에 버무린 덕분에 닭가슴살을 훨씬 맛있게
먹을 수 있지요. 오이와 방울토마토로 장식하면 밋밋한 요리가 훨씬 예뻐지고
더 먹음직스러워 보여요. 다른 채소를 활용해도 좋습니다.

- 닭가슴살 2쪽(250g)
- 오이 1개(200g)
- 방울토마토 10개
- 검은깨 약간(생략 가능)

닭 삶는 물
- 물 3컵(600㎖)
- 굵은소금 1스푼
- 소주 2스푼(또는 청주)

통깨 소스
- 통깨 간 것 1스푼
- 양조간장 1스푼
- 맛술 1스푼
- 식초 1스푼
- 마요네즈 1스푼
- 연겨자 0.3스푼
- 올리고당 1스푼
- 소금 약간
- 후춧가루 약간

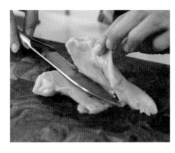

1 닭가슴살을 2등분으로 포를 떠서
얇게 만든다.

2 냄비에 닭 삶는 물 재료를 넣고
센 불에서 끓어오르면 닭가슴살을
넣는다. 5분간 완전히 익힌 후
건져 한 김 식힌다.

3 통깨 소스 재료를 섞는다.

4 오이는 필러로 얇게 썰고,
방울토마토는 2등분한다.

5 삶은 닭가슴살은 잘게 찢는다.
통깨 소스와 버무린다.

6 그릇에 오이를 돌돌 말아 담은 후
닭가슴살, 방울토마토를 올린다.
검은깨를 뿌린다.

TIP

과정 ⑤에서 채 썬 양파
1/4개(50g)를 함께 무쳐도 좋아요.

닭고기

간장 닭봉구이

2~3인분

30분

닭봉은 살이 쫄깃하고, 한 손에 잡기 편해 아이들에게 만들어주기 좋은 부위예요. 저희 집 아이들도 어려서부터 참 좋아했지요. 간단하게 밑간해 구운 후 양념에 버무리기만 하면 된답니다. 튀기지 않아 몸에도 좋고, 맛도 훨씬 더 담백해요. 양념도 입에 착착 붙는 맛이랍니다.

- 닭봉 15개(500g)
- 굵게 다진 땅콩 약간
  (생략 가능)

밑간
- 허브맛소금 0.3스푼
  (또는 소금 약간 + 후춧가루 약간)
- 맛술 1스푼
- 생강청 1스푼
  (또는 생강즙 0.5스푼,
  생강가루 약간)

양념
- 다진 마늘 1스푼
- 양조간장 2스푼
- 맛술 1스푼
- 식초 1스푼
- 토마토케첩 1스푼
- 올리고당 2스푼
- 참기름 약간
- 후춧가루 약간

1 닭봉은 씻은 후 체에 밭쳐 물기를 없앤다.

2 칼집을 2~3회 낸다.

3 볼에 닭봉, 밑간 재료를 넣고 버무려 10분간 둔다.

4 에어프라이어에 닭봉을 펼쳐 넣고 180℃에서 10분, 뒤집어서 7~8분간 구워 완전히 익힌다.

＊굽는 중간중간 상태를 확인하며 굽는 시간을 가감하세요.

5 팬에 양념 재료를 넣고 센 불에서 끓어오르면 구운 닭봉을 넣고 한 번 버무린다. 그릇에 담고 다진 땅콩을 뿌린다.

부추무침 닭다릿살구이

2~3인분

30분

누구나 좋아하는 닭고기이지만 손님상에 내놓을 때면 고민이 많이 되지요.
굽거나 튀기기만 하자니 살짝 아쉬운 느낌이랄까요.
이럴 때 만들기 좋은 메뉴를 소개합니다. 부추무침을 곁들이니 요리가
더 멋스럽고 맛깔나게 되었지요. 어른들이 특히나 좋아하는 요리랍니다.

- 닭다릿살 4장(400g)
- 부추 2줌(100g)
- 식용유 넉넉하게

밑간
- 다진 마늘 0.5스푼
- 소금 약간
- 후춧가루 약간

닭고기 양념
- 고춧가루 0.5스푼
- 설탕 1스푼
- 양조간장 3스푼
- 맛술 2스푼
- 올리고당 1스푼
- 참기름 0.5스푼

부추 양념
- 고춧가루 0.5스푼
- 양조간장 1스푼
- 올리고당 1스푼
- 참기름 1스푼
- 통깨 0.5스푼

1 닭다릿살에 밑간 재료를 앞뒤로 발라 10분간 둔다.

2 부추는 5cm 길이로 썬다.

3 볼에 닭고기 양념 재료를 넣고 섞는다.

4 달군 팬에 식용유를 두르고 닭다릿살을 넣어 중간 불에서 뒤집어가며 완전히 익힌다.

5 닭고기 양념을 붓고 중간 불에서 양념이 촉촉하게 조려질 때까지 끓인다. 닭다릿살을 한입 크기로 썬 후 그릇에 담는다.

6 볼에 부추 양념 재료를 넣고 섞은 후 부추를 넣고 살살 버무린 다음 그릇에 담는다.

닭고기

파채 닭고기전

왜 그동안 닭고기로 전을 만들 생각을 못했을까요? 닭고기의 고소함과
청양고추의 알싸함, 그리고 대파채 덕분에 개운함까지! 자꾸 생각나는
맛이지요. 닭을 튀기지 않아도 이렇게 맛있다니,라는 생각을 하게 한답니다.

- 닭다릿살 3쪽(300g)
- 시판 대파채 1줌
- 송송 썬 청양고추 2개
- 송송 썬 홍고추 1개
- 식용유 넉넉하게

반죽
- 감자전분 6스푼
- 치킨튀김가루 2스푼
  (또는 부침가루)
- 다진 마늘 1스푼
- 참치한스푼 1스푼
  (또는 연두)
- 우유 1/2컵(100㎖)
- 소금 약간
- 후춧가루 약간

소스
- 설탕 1스푼
- 다진 마늘 1스푼
- 양조간장 2스푼
- 맛술 2스푼
- 올리고당 2스푼

1 닭다릿살은 작게 썬다.

2 볼에 닭다릿살, 송송 썬 고추,
반죽 재료를 넣고 섞는다.

3 달군 팬에 식용유를 넉넉하게 두르고
반죽을 넓게 펼쳐 올린다.

4 중간 불에서 앞뒤로 뒤집어가며
노릇하게 굽는다.

5 내열용기에 소스 재료를 넣고
전자레인지에서 30초간 돌려
따뜻하게 만든다.

6 닭고기전을 접시에 담고
소스를 펴 바른 후 대파채를 올린다.

TIP

치킨튀김가루는 부침가루보다
양념이 더 가미된 제품이에요.
부침가루로 대체해도 좋아요.

간단 유린기

2~3인분

30분

닭고기 튀김을 아삭한 채소, 새콤달콤한 소스와 함께 먹는 중식 요리인
'유린기'를 간단 버전으로 만들었어요. 우선 번거로운 튀김 대신
닭을 구웠고, 소스도 집에 있는 재료만 활용했지요.
반찬으로도 좋지만 일품요리, 술안주로도 제격입니다.

- 닭다릿살 4쪽(400g)
- 감자전분 2스푼
- 양상추 4~5장
- 샐러드채소 1줌
- 식용유 넉넉하게

밑간
- 허브맛소금 적당량
  (또는 소금 약간 + 후춧가루 약간)
- 다진 마늘 0.5스푼
- 맛술 1스푼
- 후춧가루 약간

유린기 소스
- 송송 썬 대파 2스푼
- 송송 썬 고추 2스푼
- 설탕 1스푼
- 양조간장 2스푼
- 식초 2스푼
- 레몬즙 1스푼
- 물 2스푼
- 올리고당 2스푼

TIP

돈가스를 활용해
유린돈으로 즐겨도 좋아요.

1 닭다릿살에 밑간 재료를
   앞뒤로 뿌려 10분간 둔다.

2 볼에 유린기 소스 재료를 넣고
   섞는다.

3 밑간한 닭다릿살의 앞뒤로
   감자전분을 고루 묻힌다.

4 달군 팬에 식용유를 넉넉하게
   두른다. 닭다릿살을 넣고
   중간 불에서 앞뒤로 뒤집어가며
   노릇하게 굽는다.

5 한입 크기로 썬다.

6 그릇에 샐러드채소, 양상추를 깔고
   닭다릿살을 올린다.
   먹기 직전에 소스를 끼얹는다.

닭볶음탕

안동찜닭

오랜 시간 블로그 이웃들로부터 인정받은 닭볶음탕
황금 레시피예요. 제가 대학교 다닐 적에 학교 앞
닭볶음탕 집에서 먹던 스타일을 재현한 것이지요.
깻잎과 들깻가루를 많이 넣은 덕분에 보양탕을 먹는
느낌도 난답니다. 닭을 한 번 데치면 불순물이나
잡냄새를 없앨 수 있어 맛이 더 깔끔해져요.

1 닭은 깨끗하게 씻는다.

 3~4인분

⏱ 50분

닭볶음탕

- 닭 볶음탕용 1팩(800g)
- 감자 1과 1/2개(300g)
- 당근 1/3개(60g)
- 양파 1/2개(100g)
- 깻잎 20장
- 홍고추 1개
- 어슷 썬 대파 2줌
- 소주 1/2컵
  (또는 청주, 100㎖)
- 들깻가루 3스푼

양념
- 고춧가루 2스푼
- 설탕 1스푼
- 다진 마늘 1스푼
- 양조간장 5스푼
- 맛술 2스푼
- 고추장 3스푼
- 올리고당 1스푼
- 생강청 1스푼
  (또는 생강즙 0.5스푼,
  생강가루 약간)

국물
- 분말육수 1봉지
- 물 4컵(800㎖)

2 냄비에 닭이 잠길 만큼의 물과 소주를 붓고
센 불에서 끓어오르면 닭을 넣고 5분간 데친다.
흐르는 물에 씻은 후 체에 밭쳐 물기를 없앤다.

3 감자, 당근, 양파는 큼직하게 썬다. 깻잎은 2등분하고,
홍고추는 어슷 썰고, 대파도 분량만큼 어슷 썬다.

4 볼에 양념 재료를 넣고 섞는다.

5 큰 냄비에 국물 재료와 데친 닭을 넣고 센 불에서 끓인다.

6 끓어오르면 감자, 당근, 양파, 양념을 넣는다.

7 중강 불에서 30~40분간 끓여 감자, 당근을 완전히 익힌다.

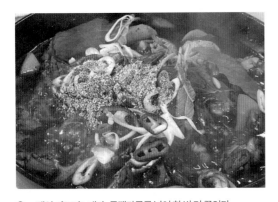

8 깻잎, 홍고추, 대파, 들깻가루를 넣어 한 번 더 끓인다.

TIP

닭고기를 어느 정도 건져 먹고 난 후 밥, 조미 김가루, 참기름, 통깨를 넣고 볶음밥으로 즐겨도 좋아요.

안동찜닭 레시피에 꼭 필요한 재료, 바로 콜라입니다.
비싼 콜라 말고 마트의 제일 싼 콜라면 돼요.
콜라를 더하면 요리가 훨씬 먹음직스러운 색깔이
되고, 닭고기 살은 연해지면서 부드러운 단맛도
더해진답니다.

1 닭은 깨끗하게 씻는다.

🍲 3~4인분
⏱ 50분

안동찜닭

- 닭 볶음탕용 1팩(800g)
- 감자 큰 것 1개(200~250g)
- 양파 1/2개(100g)
- 당근 1/3개(60g)
- 풋고추 1개
- 베트남 고추 5~6개(생략 가능)
- 송송 썬 대파 1줌
- 소주 1/2컵
  (또는 청주, 100㎖)

양념
- 콜라 2와 1/2컵(500㎖)
- 양조간장 6스푼
- 참치진국 4스푼
  (또는 굴소스 2스푼)
- 다진 마늘 1스푼
- 맛술 3스푼
- 생강청 1스푼
  (또는 생강즙 0.5스푼, 생강가루 약간)
- 후춧가루 약간

2 냄비에 닭이 잠길 만큼의 물과 소주를 붓고
   센 불에서 끓어오르면 닭을 넣고 5분간 데친다.
   흐르는 물에 씻은 후 체에 밭쳐 물기를 없앤다.

3 감자, 양파, 당근은 큼직하게 썰고, 고추는 어슷 썬다.

4 깊은 팬에 데친 닭을 다시 담는다.

5 양념 재료를 넣고 센 불에서 끓인다.

6 끓어오르면 감자, 양파, 당근, 고추, 베트남 고추를 넣고
센 불에서 30~40분간 끓여 재료를 완전히 익힌다.

7 송송 썬 대파를 더한다.

TIP

당면 50g(불리기 전)을 미지근한 물에 1시간 정도 불린 후
마지막에 넣어 함께 익혀 먹어도 좋아요.

만능 돼지고기소보로

🍚 4~5인분

⏱ 20분

한 번 만들어 두면 여러 요리에 두루두루 쉽게 활용할 수 있는
정말 요긴한 만능 소보로예요. 소보로빵에 올라가는 소보로처럼
고슬고슬하게 만드는 것이 포인트랍니다. 돼지고기로 만들었지만
쇠고기라는 착각이 들 정도로 맛과 식감이 특별해요.

- 다진 돼지고기 300g
- 다진 파 1줌
- 소주 3스푼(또는 청주)
- 후춧가루 약간
- 식용유 0.5스푼

양념
- 설탕 3스푼
- 다진 마늘 1스푼
- 양조간장 4스푼
- 참치진국 2스푼
  (또는 굴소스 1스푼)
- 맛술 4스푼
- 생강청 0.5스푼
  (또는 생강즙, 생강가루 약간)

1 볼에 양념 재료를 섞는다.

2 달군 팬에 식용유를 두른 후
다진 돼지고기, 소주, 후춧가루를
넣고 중간 불에서 5~8분간
풀어가며 충분히 볶는다.

3 양념을 넣고 국물이 바짝 졸아들
때까지 중간 불에서 볶는다.

4 다진 파를 넣고 섞는다.

활용 ❶

따뜻한 밥, 조미 김가루와 섞어서
주먹밥으로 즐겨도 좋아요.

활용 ❷

따뜻한 밥에 올리고
달걀프라이를 곁들여도 좋아요.

돼지고기완자 장조림

3~4인분

30분

제가 어릴 적에 친정 엄마가 자주 해주셨던 요리예요. 고기가 귀한 시절이라서 다진 고기로 완자를 만든 후 장조림 양념에 조렸던 것이지요. 따뜻한 밥에 돼지고기완자 장조림과 마가린을 넣고 쓱쓱 비벼 먹으면 정말 맛있었던 기억이 나요. 냉장고에 보관했다면 먹기 직전에 전자레인지에 살짝 데우세요.

- 다진 돼지고기 300g
  (또는 다진 쇠고기)

밑간
- 다진 마늘 1스푼
- 맛술 1스푼
- 생강청 1스푼
  (또는 생강즙 0.5스푼,
  생강가루 약간)
- 후춧가루 약간

양념
- 물 1컵(200㎖)
- 양조간장 4스푼
- 맛술 2스푼
- 올리고당 1스푼
- 대파(흰 부분) 5cm 3~4개
- 베트남 고추 약간(생략 가능)

1 볼에 다진 돼지고기, 밑간 재료를 넣고 충분히 치댄다.

2 반죽을 지름 3~4cm 크기의 동그란 모양으로 만든다.

3 냄비에 양념 재료를 넣고 센 불에서 끓어오르면 고기완자를 하나씩 살살 넣는다.

4 젓지 말고 냄비를 흔들어가며 센 불에서 끓인다.

5 양념이 절반 정도 남을 때까지 센 불에서 조린다.
  * 바닥에 눌어붙지 않도록 중간중간 냄비를 흔들어요.

돼지고기 달걀장조림

흔한 쇠고기 말고 돼지고기 안심으로 장조림을 만들어보세요.
기름기 하나 없는 부위라서 장조림을 만들면 맛이 깔끔하고 담백하지요.
고기 역시 부들부들합니다. 베트남 고추를 생략하면
아이들 반찬으로도 추천해요.

- 돼지고기 안심 500g
- 삶은 달걀 6개
- 마늘 10쪽(50g)
- 베트남 고추 5~6개(생략 가능)
- 올리고당 1스푼
- 참기름 1스푼

고기 삶는 물
- 물 3컵(600㎖)
- 대파 15cm 3~4개
- 청양고추 1개
- 소주 5스푼(또는 청주)
- 생강청 1스푼
  (또는 생강즙 0.5스푼,
  생강가루 약간)

조림장
- 고기 삶은 물 2컵(400㎖)
- 양조간장 7스푼
- 참치진국 2스푼
  (또는 굴소스 1스푼)
- 맛술 3스푼
- 올리고당 2스푼

1 돼지고기 안심은
 5~6cm 길이로 썬다.

2 큰 냄비에 고기 삶는 물 재료를 넣고
 센 불에서 끓어오르면 돼지고기를
 넣는다. 뚜껑을 덮고 중간 불에서
 20분간 완전히 익힌다.

3 고기 삶은 물(2컵)은 조림장용으로
 덜어두고, 고기는 한 김 식힌다.

4 삶은 돼지고기는
 한입 크기로 찢는다.

5 냄비에 조림장 재료, 돼지고기,
 삶은 달걀, 마늘, 베트남 고추를 넣는다.
 뚜껑을 덮고 중간 불에서 10분간
 조림장이 자작하게 남을 때까지 조린다.

6 올리고당, 참기름을 더한다.

통새우 동그랑땡

3~4인분

⏱
30분

시판 동그랑땡과는 비교가 불가한 수제 동그랑땡이에요. 덩어리 고기를 구매해서 직접 갈아서 만드는 것이 핵심! 훨씬 더 신선하게 즐길 수 있답니다. 새우살을 하나씩 올린 덕분에 고급스러운 맛과 비주얼을 자랑해요. 고추장아찌(88쪽)와 함께 먹으면 궁합이 좋지요.

- 돼지고기 목살이나 앞다릿살 300g
- 생새우살 8마리(생략 가능)
- 청양고추 1개
- 당근 약간
- 다진 파 2줌
- 달걀 2개
- 식용유 넉넉하게

양념
- 부침가루 2스푼
- 설탕 0.5스푼
- 다진 마늘 1스푼
- 양조간장 1스푼
- 맛술 1스푼
- 참기름 1스푼
- 분말육수 1봉지
  (또는 참치한스푼이나 연두 1스푼)
- 소금 약간
- 후춧가루 약간

1 차퍼에 청양고추, 당근을 넣고 잘게 다진 후 볼에 덜어둔다.

2 한입 크기로 썬 돼지고기를 차퍼에 넣고 잘게 다진다.

3 칼날을 뺀 차퍼나 볼에 돼지고기, ①의 채소, 다진 파, 달걀, 양념 재료를 넣고 충분히 치댄다.

4 달군 팬에 식용유를 두른다. 반죽을 한입 크기로 평평하게 올린다.

5 생새우살을 하나씩 올린 후 살짝 눌러준다.

6 중간 불에서 앞뒤로 뒤집어가며 노릇하게 굽는다.

기사식당 제육볶음

이번 책에서는 두 가지 스타일의 제육볶음을 소개할 건데요,
간장 제육볶음(204쪽)과 빨간 제육복음이에요. 기사식당 하면 생각나는
첫 번째 메뉴, 바로 빨간 양념이 입맛을 자극하는 제육볶음부터 알려드릴게요.
고추장을 넣지 않아 더욱 맛이 깔끔하고, 칼칼하답니다.

- 돼지고기 불고기용 500g
  (또는 목살)
- 양파 1/2개(100g)
- 어슷 썬 대파 2줌
- 통깨 0.5스푼
- 식용유 1스푼

밑간
- 설탕 1스푼
- 다진 마늘 2스푼
- 맛술 2스푼
- 생강청 1스푼
  (또는 생강즙 0.5스푼,
  생강가루 약간)
- 후춧가루 약간

양념
- 고춧가루 4스푼
- 양조간장 4스푼
- 참치진국 2스푼
  (또는 굴소스 1스푼)
- 올리고당 2스푼
- 참기름 1스푼

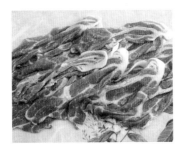

1 돼지고기는 한입 크기로 썬다.

2 볼에 돼지고기, 밑간 재료를 넣고
   무친다.

3 다른 볼에 양념 재료를 넣고 섞는다.

4 양파는 채 썰고,
   대파는 분량만큼 어슷 썬다.

5 달군 팬에 식용유를 두르고
   돼지고기를 넣어
   중강 불에서 4~5분간 익힌다.

6 양파, 대파, 양념을 넣고
   2~3분간 양념이 잘 배도록 볶는다.
   통깨를 뿌린다.

간장 제육볶음

204

3~4인분

20분

어릴 적, 친정 아빠는 월급날이면 돼지고기 한 근을 사 오셨어요.
그럼 엄마는 비싼 쇠고기 대신 돼지고기로 고급 소불고기 느낌의 제육볶음을
만들어주셨지요. 제겐 추억이 진한 요리 중 하나랍니다.
무생채(44쪽)와 함께 먹으면 더 맛있어요.

- 돼지고기 불고기용 500g
- 양파 1/2개(100g)
- 송송 썬 대파 2줌
- 통깨 0.5스푼

양념
- 다진 마늘 2스푼
- 양조간장 4스푼
- 참치진국 2스푼
  (또는 굴소스 1스푼)
- 맛술 3스푼
- 생강청 2스푼
  (또는 생강즙 1스푼, 생강가루 약간)
- 올리고당 4스푼
- 참기름 2스푼
- 후춧가루 약간

1 돼지고기는 한입 크기로 썬다.

2 양파는 채 썬다.

3 볼에 돼지고기, 양념 재료를 넣고
   무친다.

4 양파, 송송 썬 대파를 넣고
   한 번 더 살살 무친다.

5 달군 팬에 돼지고기를 넣어
   중강 불에서 5~8분간
   바짝 볶아 익힌다.

6 통깨를 뿌린다.

돼지고기

무수분 수육

무수분 수육

3~4인분

60분

물을 하나도 넣지 않은, 채소에서 우러나온 물로만 푹 익힌 진정한 무수분 수육이에요. 묵직한 주물냄비에 만들면 수분이 가둬지면서 돼지고기가 엄청 부드럽고 야들야들해져요. 불 세기 조절만 잘하면 되니깐 도전해보세요. 김치와 함께 먹으면 꿀맛이에요.

- 돼지고기 앞다릿살 수육용 500~600g
- 양파 1/2개(100g)
- 대파 1대
- 자투리 채소 약간 (당근, 샐러리 등)
- 마늘 5쪽
- 로즈메리 약간(생략 가능)
- 소주 7스푼 (또는 청주)
- 생강청 2스푼 (또는 생강즙 1스푼, 생강가루 약간)
- 허브맛소금 적당량 (또는 소금 약간 + 후춧가루 약간)

1 양파, 대파, 자투리 채소는 대강 썰고, 마늘은 2등분한다.

2 냄비에 양파, 대파, 자투리 채소, 마늘을 깔고 그 위에 돼지고기, 로즈메리, 소주, 생강청, 허브맛소금을 올린다.

3 뚜껑을 덮고 센 불에서 2분, 약한 불로 줄여 20분간 푹 익힌다.

4 돼지고기를 뒤집은 다음 허브맛소금을 뿌리고 약한 불에서 30분간 뭉근하게 익힌다.

5 고기만 건져 한 김 식힌 후 한입 크기로 썬다.

TIP

182쪽 부추무침과 함께 먹어도 좋아요.

카레 등갈비구이

- 돼지고기 등갈비 1kg

양념
- 카레가루 3스푼
- 다진 마늘 1스푼
- 맛술 3스푼
- 생강청 1스푼
  (또는 생강즙 0.5스푼,
  생강가루 약간)
- 올리브유 3스푼
- 허브맛소금 적당량
  (또는 소금 약간 + 후춧가루 약간)

등갈비는 뼈가 붙어있다 보니 요리하기가 힘들고, 익히기 어려울 거라고
많이 생각합니다. 손질법만 제대로 배우면 누구나 쉽게 요리할 수 있어요.
카레를 더해 누린내를 잡았고, 특유의 향도 더했어요.
푸짐하게 만들어 온 가족이 등갈비 뜯는 재미를 만끽해보세요.

1 등갈비는 뼈에 붙은 흰색의 막을
없앤다.

2 등갈비를 1대씩 썬 후
흐르는 물에 씻는다.

3 찬물에 30분간 담가 핏물을 없앤다.

4 물기를 없앤 후 볼에 등갈비,
양념 재료를 넣고 섞는다.

5 에어프라이어에 펼쳐 넣는다.

6 180℃에서 8~10분, 뒤집어서
7~8분간 구워 완전히 익힌다.
* 굽는 중간중간 상태를
  확인하며 굽는 시간을 가감하세요.

쇠고기 볶음고추장

🥣 10회분

⏱ 20분

흔히들 말하는 약고추장이에요. 날 잡아서 한번 만들어두면 한동안
반찬 걱정 없이 든든하지요. 그대로 밥과 비벼 먹어도 좋고,
반찬으로 내놓고 숟가락으로 푹푹 떠 먹어도 맛있답니다.
쇠고기는 돼지고기, 훈제오리로도 대체 가능합니다.

- 다진 쇠고기 300g
  (또는 다진 돼지고기, 훈제오리)
- 양파 1/2개(100g)

밑간
- 설탕 1스푼
- 다진 마늘 1스푼
- 소주 4스푼(또는 청주)
- 후춧가루 약간

양념
- 맛술 3스푼
- 고추장 6스푼
- 올리고당 2스푼
- 참기름 1스푼
- 통깨 0.5스푼

1 볼에 다진 쇠고기, 밑간 재료를 넣고
   버무린다.

2 양파는 작게 썬다.

3 달군 팬에 쇠고기를 넣고
   중강 불에서 4~5분간 풀어가며
   볶는다.

4 양파를 넣고 2분간 볶는다.

5 양념 재료를 넣고 중간 불에서
   4~5분간 걸쭉한 상태가 될 때까지
   볶는다.

TIP
고기 냄새에 민감하다면 양념에
생강청이나 생강즙, 생강가루를 약간
넣어도 좋아요.

차돌박이 숙주볶음

일본식 선술집인 이자카야를 가면 꼭 주문하는 메뉴가 바로
차돌박이 숙주볶음이에요. 집에서 휘리릭 볶아보세요.
숙주 1봉지, 차돌박이 가득을 더해도 착한 가격에 맛볼 수 있지요.
만든 즉시 따뜻할 때 먹어야 맛있어요.

- 차돌박이 100g
- 숙주 6줌(300g)
- 다진 마늘 0.5스푼
- 송송 썬 대파 1줌
- 참치진국 2스푼
  (또는 굴소스 1스푼)
- 초피액젓 1스푼
  (또는 다른 액젓류)
- 통후추 간 것 약간
- 검은깨 약간
- 식용유 1스푼

1 달군 팬에 차돌박이를 넣고
중간 불에서 풀어가며 충분히 볶는다.
* 차돌박이를 볶은 후 기름기가 많다면
팬의 기름을 닦아내세요.

2 식용유, 다진 마늘을 넣고
중약 불에서 1분간 볶아
향을 낸다.

3 숙주를 넣고 센 불에서 2분간
빠르게 볶는다.

4 참치진국, 초피액젓을 넣고
한 번 더 볶는다. 마지막에 송송 썬
대파, 통후추 간 것, 검은깨를 더한다.

쇠고기

소불고기

2~3인분

⏱ 20분

의외로 불고기 양념을 맛있게 만들기 어렵다는 분들이 많더라고요. 저의 소불고기 비법 레시피를 공개할게요. 양념 하나만 잘 알아두면 불고기뿐만 아니라 불고기 전골, 불고기샌드위치, 불고기김밥 등 두루두루 활용할 수 있답니다.

- 쇠고기 불고기용 600g
- 양파 1/2개(100g)
- 어슷 썬 대파 1줌
- 팽이버섯 1봉지
  (또는 다른 버섯, 150g)
- 소주 6스푼(또는 청주)
- 통깨 약간

양념
- 설탕 1스푼
- 다진 마늘 1스푼
- 다진 파 2스푼
- 양조간장 5~6스푼
  (기호에 따라 가감)
- 참치진국 2스푼
  (또는 굴소스 1스푼)
- 맛술 2스푼
- 올리고당 3스푼
- 생강청 1스푼
  (또는 생강즙 0.5스푼,
  생강가루 약간)
- 참기름 2스푼
- 후춧가루 약간

TIP

❶ 소개해드린 불고기 양념은 조금 간이 센 편이에요. 양파, 버섯과 같은 부재료를 넣기 때문이지요. 따라서 양조간장의 양을 조절해도 좋아요.

❷ 양념에 배, 사과, 양파의 즙이나 시판 배주스, 사과주스를 더하면 더 맛있어요. 이때, 단맛을 내는 설탕, 올리고당의 양을 줄이세요.

1 양파는 채 썰고, 대파는 분량만큼 어슷 썬다. 팽이버섯은 밑동을 잘라낸 후 대강 뜯는다.

2 쇠고기는 한입 크기로 썬다.

3 쇠고기에 소주를 넣고 살살 버무린다.

4 키친타월로 톡톡 두드려 물기와 핏물을 없앤다.

5 볼에 쇠고기, 양념 재료를 넣고 버무린다.

6 달군 팬에 쇠고기를 넣고 중강 불에서 4~5분간 볶아 80% 정도 익힌다. 양파, 팽이버섯, 대파를 넣고 한 번 더 볶은 후 통깨를 뿌린다.

떡갈비

사태 당면찜

떡갈비라고 해서 떡이 들어간다고 생각하신 분들 있으신가요? 쇠고기를 마치 떡 치듯이 반죽한다고 해서 떡갈비라고 불린다고 해요. 따라서 반죽을 충분히 치대는 게 중요해요. 완성한 떡갈비에 잣을 올리면 훨씬 더 고급스럽게 보인답니다.

1 다진 쇠고기, 다진 돼지고기는 키친타월로 감싸 핏물을 없앤다.

4인분

40분

떡갈비

- 다진 쇠고기 300g
- 다진 돼지고기 300g
- 식용유 넉넉하게
- 잣 약간(생략 가능)

양념
- 설탕 1스푼
- 다진 마늘 1스푼
- 다진 파 3스푼
- 양조간장 4스푼
- 맛술 3스푼
- 생강청 1스푼
  (또는 생강즙 0.5스푼,
  생강가루 약간)
- 올리고당 2스푼
- 참기름 1스푼
- 소금 약간
- 후춧가루 약간

유장
- 참기름 1스푼
- 양조간장 1스푼

2 큰 볼에 양념 재료를 넣고 섞는다.

3 다진 쇠고기, 다진 돼지고기를 넣고 충분히 치댄다.

4 고기를 10등분한 후 지름 6cm, 두께 1cm 크기의
둥글 납작한 모양으로 만든다.

5 가운데를 손가락으로 살짝 눌러준다.

* 가운데를 누르면 굽는 도중 볼록해지는 것을 막을 수 있어요.

6 작은 볼에 유장 재료를 넣고 섞는다.

7 달군 팬에 식용유를 넉넉하게 두르고 떡갈비를 넣어
중약 불에서 뒤집어가며 속까지 완전히 익힌다.

* 뚜껑을 덮으면 속까지 더 빠르게 익힐 수 있어요.

8 떡갈비에 유장을 발라가며 1분간 버무리듯이 굽는다.
그릇에 담고 잣을 올린다.

* 유장을 바르면 윤기가 나고, 훨씬 맛있어요.

갈비찜보다 더 만들기 쉬우면서 도톰한 살코기를
가득 먹을 수 있는 사태찜을 소개할게요.
당면까지 넣었기에 훨씬 더 푸짐하게 드실 수
있답니다. 고기 먹는 맛에 당면 골라 먹는 맛까지!
온 가족이 맛있게 즐길 수 있어요.

1 당면은 미지근한 물에 담가 1시간 정도 충분히 불린다.

4인분

45분
(+ 당면 물리기,
사태 핏물 없애기 1시간)

사태 당면찜

- 쇠고기 사태 500g
- 당면 100g (불리기 전)
- 무 1토막 (200g)
- 당근 1/3개 (80g)
- 양파 1/2개 (100g)
- 대파 1대
- 물 4컵 (800㎖)
- 베트남 고추 3~4개 (생략 가능)

양념
- 설탕 1스푼
- 다진 마늘 1스푼
- 양조간장 6스푼
- 참치진국 4스푼
  (또는 굴소스 2스푼)
- 생강청 1스푼
  (또는 생강즙 0.5스푼,
  생강가루 약간)
- 올리고당 2스푼
- 참기름 1스푼
- 후춧가루 약간

2 쇠고기 사태는 찬물에 30분간 담가 핏물을 없앤다.

3 무, 당근, 양파, 대파는 큼직하게 썬다.

4 핏물 뺀 사태는 큼직하게 썬다.

5 볼에 양념 재료를 넣고 섞는다.

6 큰 냄비에 물(4컵), 쇠고기 사태, 베트남 고추를 넣는다.
뚜껑을 덮고 고기가 뭉근하게 익을 때까지 중간 불에서
30분간 삶는다. 이때, 중간중간 떠오르는 거품은 제거한다.

7 무, 당근, 양파를 넣고 뚜껑을 덮고 중간 불에서 20분간
익힌다. 양념을 넣고 뚜껑을 열어서 5~7분간 익힌다.

8 대파, 당면을 넣고 한 번 더 익힌다.
  * 당면은 쉽게 불기 때문에 먹기 직전에 넣으세요.

TIP

양조간장에 연겨자를 기호에 맞춰 넣은 소스를 곁들여도 좋아요.

순살 고등어강정

2~3인분

20분

생선을 싫어하는 아이라면 꼭 강정으로 만들어서 권해보세요. 달콤한 양념 덕분에 아이들이 참 잘 먹는답니다. 치킨강정은 간식이 되지만, 고등어강정은 맛있는 반찬이 된다는 것도 중요한 포인트! 식어도 맛있어요.

- 순살 고등어 2쪽
  (또는 순살 삼치, 240g)
- 감자전분 2스푼
- 식용유 넉넉하게

강정 양념
- 다진 마늘 0.5스푼
- 양조간장 3스푼(기호에 따라 가감)
- 맛술 3스푼
- 생강청 2스푼
  (또는 생강즙 1스푼,
  생강가루 약간)
- 올리고당 1스푼

1 고등어는 키친타월로 감싸 물기를 없앤다.

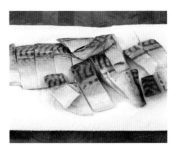

2 한입 크기로 썬다.

3 비닐백에 감자전분, 고등어를 넣고 살살 흔들어 감자전분을 입힌다.

4 달군 팬에 식용유를 두르고 고등어를 넣어 중강 불에서 5~8분간 튀기듯이 굽는다.

5 체에 밭쳐 기름기를 없앤다.

6 팬을 깨끗하게 닦은 후 양념 재료를 넣고 중간 불에서 농도가 생길 때까지 끓인다. 구운 고등어를 넣고 버무린다.

TIP

생강청을 더하면 고등어의 비린내를 없앨 수 있어요. 없다면 생략하고, 강정 양념의 올리고당을 2스푼으로 늘려주세요.

순살 고등어 무조림

무를 푹 익혀 만든 고등어 무조림입니다. 아이들이 어릴 적엔 안 그러더니,
크니깐 생선조림에는 무가 꼭 있어야 한다며 이제서야 이 맛을 인정해주네요.
순살 고등어로 만든 덕분에 가시 걱정 없이 즐길 수 있어요.

- 순살 고등어 2쪽(240g)
- 무 1토막
  (또는 감자, 300g)
- 양파 1/4개(50g)
- 송송 썬 대파 1줌
- 송송 썬 풋고추 1개
- 송송 썬 홍고추 1/2개
- 물 2컵(400㎖)

양념
- 고춧가루 2스푼
- 다진 마늘 1스푼
- 양조간장 2스푼
- 참치한스푼 1스푼
  (또는 연두, 다른 액젓류)
- 맛술 2스푼
- 고추장 1스푼
- 올리고당 1스푼
- 생강청 2스푼
  (또는 생강즙 1스푼,
  생강가루 약간)
- 들기름 1스푼
  (또는 참기름)

1 순살 고등어는 키친타월로 감싸
물기를 없앤 후 2~3등분한다.
무는 두께 1.5cm 크기로
큼직하게 썰고, 양파는 채 썬다.

2 볼에 양념 재료를 넣고 섞는다.

3 깊은 팬에 무 → 양파 → 고등어 →
양념 순으로 올린다.

4 양념이 담겼던 볼에 물(2컵)을 넣고
섞은 후 팬에 붓는다.

5 센 불에서 끓어오르면 뚜껑을 덮고
중간 불로 줄여 20분간
무가 완전히 익을 때까지 끓인다.
* 처음에 뚜껑을 열고 끓여야
생선의 비린내가 날아가요.

6 대파, 고추를 넣고 5~10분간
끓인다.

해산물

갈치조림

2~3인분

30분

생선조림 중에서 갈치조림만큼 맛난 것이 있을까요? 보드랍고 입에서 살살 녹는 갈치 덕분에 매일 먹고 싶은 반찬이지요. 하지만, 갈치가 워낙 비싸다 보니 정말 큰 결심을 하고 만들게 되는데요, 비싼 갈치 버릴 일 없는, 맛있는 갈치조림 레시피를 알려드릴게요.

- 갈치 1마리
  (큰 것, 6토막낸 것, 600g)
- 무 1토막(200g)
- 양파 1/4개(50g)
- 어슷 썬 대파 1줌
- 풋고추 1개
- 홍고추 1/2개

양념
- 고춧가루 2스푼
- 다진 마늘 1스푼
- 양조간장 3스푼
- 참치진국 2스푼
  (또는 굴소스 1스푼)
- 맛술 3스푼
- 고추장 2스푼
- 생강청 1스푼
  (또는 생강즙 0.5스푼,
  생강가루 약간)

국물
- 분말육수 1봉지
- 물 2컵(400㎖)

1 무는 두께 1cm 크기로 큼직하게 썰고, 양파는 채 썬다. 풋고추는 어슷 썰고, 대파도 분량만큼 어슷 썬다.

2 갈치는 칼로 비늘을 긁어낸 후 씻고, 키친타월로 닦아 물기를 없앤다.

3 볼에 양념 재료를 넣고 섞는다.

4 깊은 팬에 국물 재료, 무, 양파를 넣고 무가 약간 투명해질 때까지 중강 불에서 5~8분간 끓인다.

5 갈치, 양념 순으로 올린 후 5분간 국물을 끼얹어가며 조린다.

6 뚜껑을 덮고 중약 불로 줄인 후 10분간 끓인다. 대파, 고추를 넣고 뚜껑을 연 후 국물을 끼얹어가며 2~3분간 더 익힌다.

* 바닥에 눌어붙지 않도록 중간중간 팬을 흔들어요.

감자 코다리조림

명태를 반쯤 말려 4~5마리씩 코를 꿰어 판매하는 것이 코다리예요.
제법 살이 많고, 먹기 수월한 생선이라서 조림으로 하기에 적합하지요.
감자와 함께 찐득한 고추장양념에 푹 조렸어요.

- 손질 코다리 4마리(1kg)
- 감자 1과 1/2개(300g)
- 양파 1/2개(100g)
- 어슷 썬 대파 1줌
- 풋고추 1개
- 홍고추 1/2개

양념
- 고춧가루 1스푼
- 다진 마늘 1스푼
- 양조간장 5스푼
- 맛술 3스푼
- 고추장 3스푼
- 올리고당 1스푼
- 생강청 1스푼
  (또는 생강즙 0.5스푼,
  생강가루 약간)
- 식용유 1스푼
- 물 2컵(400㎖)

1 코다리는 흐르는 물에 씻은 후
물기를 없앤다.
　＊ 냉동 코다리는 찬물에 담가 해동한 후
　　 사용해요.

2 감자는 큼직하게 썰고, 양파는
굵게 채 썬다. 풋고추는 어슷 썰고,
대파도 분량만큼 어슷 썬다.

3 깊은 팬에 양념 재료를 넣고
센 불에서 풀어가며 끓인다.

4 끓어오르면 코다리를 넣고 센 불에서
10분간 살살 저어가며 끓인다.
　＊ 자주, 세게 휘저으면 코다리 살이
　　 부서져요.

5 감자, 양파를 넣고 감자에 양념이
잘 배고 완전히 익을 때까지
중강 불에서 10분간 끓인다.

6 대파, 고추를 넣는다.

매콤 오징어볶음

3~4인분

20분

양념이 진짜 맛있는 매콤 오징어볶음이에요. 고추장과 고춧가루를 함께
더해 은근한 단맛과 깔끔한 매운맛을 함께 느낄 수 있죠. 반찬으로도 좋지만
술안주로도 아주 훌륭하지요. 마지막에 꼭 김가루와 밥을 넣고
비벼 먹도록 하세요.

- 오징어 2마리(300g)
- 양배추 2장(손바닥 크기, 100g)
- 양파 1/2개(100g)
- 어슷 썬 대파 1줌
- 청양고추 1개
- 홍고추 1/2개
- 참기름 1스푼
- 통깨 0.5스푼
- 식용유 2스푼

양념
- 고춧가루 1스푼
- 설탕 1스푼
- 다진 마늘 1스푼
- 양조간장 1스푼
- 맛술 2스푼
- 고추장 2스푼

1 손질된 오징어 몸통은 동그란 모양으로,
다리는 한입 크기로 썬다. 양배추는
한입 크기로, 양파는 굵게 채 썬다.
* 오징어는 원하는 다른 모양으로
썰어도 좋아요.

2 청양고추, 홍고추는 어슷 썰고,
대파도 분량만큼 어슷 썬다.

3 볼에 양념 재료를 넣고 섞는다.

4 달군 팬에 식용유를 두르고
오징어, 양배추, 양파를 넣어
중간 불에서 오징어가 다 익을 때까지
3분간 볶는다.

TIP

양념의 고추장, 고춧가루를 생략하고
참치진국 2스푼이나 굴소스 1스푼을
더해 맵지 않은 아이용 오징어볶음을
만들어도 좋아요.

5 양념을 넣고 3분간 볶는다.

6 대파, 고추, 참기름, 통깨를 넣는다.

레몬 소스 새우마요

2인분

30분

중식당에 가면 만날 수 있는 새콤달콤한 새우마요는 맛있지만 가격이
참 비싸죠? 이젠 집에서 만들어보세요. 시판 새우튀김을 활용해도 좋고, 새우를
직접 튀겨도 돼요. 튀김옷을 얇으면서도 폭신한 식감이 있도록 만들었습니다.

- 생새우살 20~25마리
  (큰 것, 250g)
- 감자전분 3스푼
- 소금 약간
- 통후추 간 것 약간
- 식용유 넉넉하게

마요 소스
- 마요네즈 3스푼
- 올리고당 1스푼
  (또는 유자청)
- 레몬즙 1스푼
- 설탕 0.5스푼
- 소금 약간

1   생새우살은 키친타월로 감싸 물기를
    없앤 후 소금, 통후추 간 것을 뿌린다.

2   비닐백에 감자전분, 새우를 넣고
    살살 흔들어 감자전분을 입힌다.

3   달군 팬에 식용유를 두르고
    새우를 넣어 중강 불에서 뒤집어가며
    노릇한 상태가 될 때까지 튀기듯이
    구운 후 건져둔다.

4   달군 팬에 식용유를 두르고
    익힌 새우를 넣고 한 번 더 중강 불에서
    1~2분간 노릇하게 튀기듯이 굽는다.
    * 새우를 두 번 익히면 훨씬 더 바삭해요.

5   체에 밭쳐 기름기를 없앤 다음
    그릇에 담는다.

6   마요 소스를 섞은 후
    새우에 끼얹는다.

TIP

파인애플이나 양상추를 함께
그릇에 담거나, 굵게 다진 땅콩이나
아몬드를 뿌려도 좋아요.

10분 연어장

2~3인분

10분

딱 10분만 투자하면 만들 수 있는 연어장입니다. 많은 분들이 사랑하는
연어장이지만 맛보기가 쉽지 않잖아요. 시판 제품을 사 먹자니 양념에 기름이
너무 떠 있고, 냉동은 신선함이 떨어지고. 이제 직접 만들어보세요.
참, 10분 연어장은 저장하지 말고 먹을 만큼만 만들어서 한 끼에 맛보세요.

- 생 연어 300g

양념
- 양조간장 2스푼
- 참치진국 1스푼
- 맛술 2스푼
- 레몬즙 1스푼
- 올리고당 1스푼

1
생 연어는 먹기 좋은
크기로 큼직하게 썬다.

2
큰 볼에 양념 재료를 넣고
섞는다.

3
양념에 연어를 넣고
버무려 10분간 둔 후
먹는다.

활용

따뜻한 밥에 깻잎, 양파,
달걀노른자, 김가루,
와사비를 곁들여
덮밥으로 즐겨도 좋아요.

TIP

연어장을 가장 쉽게 만드는 방법은
게장이나 새우장을 구입해서 먹고 남은
간장 양념에 생 연어를 푹 담가
냉장고에 1~2일 넣어두면 돼요.

매콤 새콤 황태채무침

매콤 새콤한 양념이 너무 맛있는, 촉촉하면서도 양념이 쏙 밴 밥도둑이에요.
무치기만 하면 되는, 불 하나 안 쓰고 만들 수 있는 반찬이랍니다. 양념을 2회에
나눠서 더한 덕분에 황태채의 속까지 양념이 잘 배었지요. 2차 양념이 많아
보이지만 무치기 시작하면 황태채가 양념을 빨아들여 양이 딱 맞답니다.

- 황태채 2줌(50g)
- 생수 1/2컵(100㎖)

1차 양념
- 양조간장 1스푼
- 참기름 1스푼

2차 양념
- 고춧가루 0.5스푼
- 다진 마늘 1스푼
- 맛술 1스푼
- 식초 1스푼
- 고추장 3스푼
- 올리고당 4스푼
- 참기름 1스푼
- 통깨 간 것 1스푼

1 큰 볼에 2차 양념 재료를 넣고
섞는다.

2 볼에 황태채, 잠길 만큼의
생수(1/2컵)을 담고 잠시 불린다.

3 불린 황태채는 먹기 좋은 크기로
자른다.

4 1차 양념, 황태채를 넣고
조물조물 무친다.

5 황태채의 국물을 꼭 짠다.

6 ①의 2차 양념에 황태채를 넣고
조물조물 무친다.

INDEX

문성실의 20년
대·박·반·찬

1판 1쇄 펴낸 날	2024년 12월 20일

편집장	김상애
책임편집	이소민·엄지혜
디자인	조운희
사진	김영주
기획 · 마케팅	내도우리

편집주간	박성주
펴낸이	조준일

펴낸곳	(주)레시피팩토리
주소	서울특별시 용산구 한강대로 95 래미안용산더센트럴 A동 509호
대표번호	02-534-7011
팩스	02-6969-5100
홈페이지	www.recipefactory.co.kr
애독자 카페	cafe.naver.com/superecipe
출판신고	2009년 1월 28일 제25100-2009-000038호

제작 · 인쇄	(주)대한프린테크

값 22,000원

ISBN 979-11-92366-46-3